奇龍族學園
STEM能力
大提升

馮澤謙 著

新雅文化事業有限公司
www.sunya.com.hk

目 錄

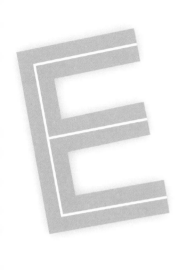

奇龍族學園人物介紹

奇洛

充滿好奇心，愛動腦筋和接受挑戰，在朋友之中有「數學王子」之稱。

魯飛

古靈精怪，有點頑皮，雖然體形有點胖，但身手卻非常敏捷，最好的朋友是小他四年的多多。

伊雪

沒有什麼缺點，也沒有什麼優點，有一點點虛榮心。

小寶

陽光女孩，愛運動，個性開朗，愛結識朋友。

4

貝莉

生於小康之家，聰明伶俐，擅長數學，但有點高傲。喜歡奇洛。

海力

非常懂事，做任何事都竭盡全力，很用功讀書。

布加

小寶的哥哥，富有同情心，是社區中的大哥哥，深受大小朋友的喜愛。

多多

奇洛的弟弟，天真開朗，活潑好動，愛玩愛吃，最怕看書。

拯救乒乓球大作戰

　　校際乒乓球比賽快到了，乒乓球隊的代表團都加緊練習，希望能為學校**爭取佳績**。

　　奇洛、布加和魯飛相約放學後在乒乓球場練習一小時，小寶也前來觀看他們練習。

　　奇洛說：「魯飛，上次我和布加未分勝負，我想跟布加先打一局，可以嗎？」

　　魯飛點點頭說：「當然可以！」

　　然後奇洛和布加就展開**激烈對決**，乒乓球劈啪劈啪的不斷來往，戰況十分精彩。

　　另一邊廂，沒有份兒打乒乓球的魯飛和小寶也玩起來，拿着乒乓球你一拋我一接的跑來跑去，就算不小心把一籃子的乒乓球打翻了，弄得滿地乒乓球彈來彈去，兩人仍然一蹦一跳的玩得**不亦樂乎**。

　　突然「卜！」的一聲，小寶緊張地大喊：「啊！慘

了！」

　　奇洛和布加聽到小寶的叫聲，也停了下來。「讓我來看看。」布加說着便拾起地上一個凹了的乒乓球。

　　小寶**鼻子一酸**，忍不住哭起來：「對不起，我踩到了這個乒乓球。乒乓球凹下去了，怎麼辦？」

　　看着正在哭的小寶，奇洛**靈機一觸**，提議說：「不如我們一起去請教比力克老師，或許他有方法拯救這個乒乓球。」

四人來到教員室，比力克老師看到那個凹陷的乒乓球，笑笑說：「這很簡單。放心，老師可以幫你。」

小寶的眼淚還在眼眶裏打轉，嗚咽着說：「比力克老師，你不要騙我啊。」

「當然！現在老師就立即把這個乒乓球變回原狀。」說罷老師便從茶水間端來了**一碗熱水**，然後把凹陷的乒乓球放到熱水裏。一會兒後，老師把乒乓球取出，交還給小寶。

小寶接過乒乓球一看，凹坑不見了，看到乒乓球回復原狀，終於破涕為笑，並驚訝地問道：「怎麼會這樣？這真的是剛才那個乒乓球嗎？上面的凹陷位置怎麼不見了？」

奇洛、魯飛和布加也禁不住問說：「老師，這是**魔法**嗎？」

比力克老師笑笑說：「是的，這種魔法就叫做『**冷縮熱脹**』。」

奇洛說：「謝謝老師！原來是利用冷縮熱脹的原理。」然後他們便拿着圓滾滾的乒乓球，回到乒乓球場**繼續練習**了。

物體遇冷或遇熱的變化

物體的體積並不是固定不變的，物體受熱會膨脹、遇冷會收縮，這種現象稱為「冷縮熱脹」。

冷縮熱脹的成因很簡單，因為物體是由微小的粒子構成，粒子不是靜止的，而是會不停地振動，所以隨着溫度改變，粒子振動的幅度也會跟着改變。當溫度上升時，粒子振動的幅度加劇，令物體體積增加，形成膨脹；相反，當溫度下降時，粒子振動的幅度放緩，物體的體積亦會隨之減少，形成收縮。

試想想：在我們上體育課時，因為需要活動的空間較大，所以跟旁邊的同學會站得遠一些，令大家所佔的空間也變多，這情況就有如物體遇熱膨脹的狀況；而在早上集會時，我們都是坐着，需要的空間會變少，就好比物體遇冷收縮。

在故事中，當凹陷的乒乓球遇上熱水時，球內的空氣就會膨脹，令乒乓球向外擴張，使乒乓球變回原狀。

是否所有物體都會冷縮熱脹？

大部分物體都遵循冷縮熱脹的定律，不過也有一些例外。例如水在液態時受冷會收縮，但當水的溫度下降至冰點後，水會凍結成冰並膨脹，體積不會縮小，反而會變大啊！😲

還有什麼冷縮熱脹的應用例子？

在日常生活中，冷縮熱脹的應用例子實在多不勝數。例如：製造火車路軌的鋼鐵也有冷縮熱脹的特性，因此在連接路軌時，工程人員會預留少許距離，避免出現路軌因互相擠壓而導致變形。

了解冷縮熱脹對我有什麼幫助？😋

如果同學能了解冷縮熱脹，那麼在學習其他學科知識時就可以自然推論，不需要死記硬背了。例如：在學習關於沙漠課題時，就會發現因為沙漠早晚的溫差很大，石頭會受溫度影響而出現冷縮熱脹，慢慢碎裂掉落，逐漸變成細沙，就能對如風化作用等複雜的概念有更好的理解。

哪些才是冷縮熱脹的應用例子？

　　小朋友，我們在日常生活中常常會遇到冷縮熱脹的應用例子。現在就來測試一下你對冷縮熱脹的認識吧！請看看以下的事件，然後判斷哪些屬於冷縮熱脹的應用例子，把它們連起來。

高架道路與橋樑設有伸縮縫。

把雞蛋浸在白醋中，一段時間後蛋殼便破裂。

冷縮熱脹

用氣泵把空氣打進水泡，它便充氣及漲起來。

把擰不開的花生醬瓶子放在熱水裏，瓶蓋便能很容易擰開了。

非冷縮熱脹

從冰箱取出冷凍了的玻璃杯並倒入滾水後，玻璃杯會爆裂。

重力和地心吸力
我可以飛天嗎？

在一個周末，魯飛到奇洛家裏一起看電影。這是一套關於超人的電影，電影中的超人從另一個星球來到了地球，到達後他發現自己**身輕如燕**，不但能**飛簷走壁**，還可以在天空飛翔。只要他翻一個筋斗，便能去到幾公里外，隨意橫越廣闊的水面。

見到飛天超人的英姿，多多看得目瞪口呆，魯飛亦看得**目不轉睛**，奇洛因為以前曾經看過，就沒有表現太大的驚訝。

魯飛一邊想像，一邊讚歎說：「超人真的很屬害，我如果能像他一樣，可以**飛來飛去**那有多好。至少，以後上學就不怕因為塞車而遲到了。」

多多也在想像，說：「我也想啊！那我就可以直接飛到雪糕店買雪糕！哥哥，我們怎樣可以飛起來呢？」

奇洛沉思了一會兒，說：「應該不太可能吧，就算

你們能跳起，地球都會把你們拉回地面，除非你們有辦法**擺脫地球的重力**。」

多多搔一搔頭，問：「地球的重力是什麼？」

奇洛回答說：「就是屬於地球和其他物體之間形成的吸引力，即**地心吸力**。」

魯飛說：「**我們的體重**是不是也跟這個重力有關？」

奇洛補充道：「是的，一般來說，重力越大，體重就越重。」

魯飛靈機一觸，得意地說：「那麼我只要去一個重力較小的星球，不就可以飛了嗎？奇洛，有沒有這樣的一個**星球**存在，又是我們現在能去得到的呢？」

　　奇洛想一想，說：「暫時只有一個，就是**月球**。」

　　魯飛問：「只要我能到達月球就會變輕嗎？」

　　奇洛說：「對啊！月球的重力只有地球的**六分之一**，你的體重自然變輕了。」

　　這時魯飛**面有難色**，說：「好像不太好，月球上什麼都沒有，一定會把我悶壞的！有沒有其他方法呢？」

　　奇洛**左思右想**，都想不出個好辦法來，忽然多多說：「魯飛，我有一個辦法！」

　　魯飛於是**豎起耳朵**，要聽聽多多的好辦法。多多興奮地說：「你從現在開始就不要吃晚餐，一個月後體重不就會變輕了嗎？」

　　魯飛想了想，回答說：「要我跟**美味的晚餐**說再見是不可能的！我寧願做現在這個『腳踏實地』的魯飛！」

把所有事物吸住的力

　　小朋友，你有沒有想過為什麼蘋果總是會從樹上掉下來而不是往上飛呢？著名的物理學家以撒・牛頓（Isaac Newton）就曾經為這個問題而着迷，繼而發現了萬有引力法則。

　　透過研究，牛頓發現原來所有物體之間都會形成互相吸引的作用力，稱為萬有引力或重力，它和物體本身的質量有關；而地心吸力其實是泛指地球因本身的質量而形成對物體的一種重力。

　　重力不止發生在地球上。重力不需要透過兩個物體接觸就能產生，而且能夠延伸到很遠的距離，因此地球的重力便可以吸住離我們很遠的月球。

　　在地心吸力的影響下，當蘋果可以自由運動時，它就會被地球的重力牽引往地面飛去，作為觀察者的我們就會看見它掉落在地上。

 為什麼物體在地球上的重量會比在月球上重？

物體的重量跟該物體的自身質量及吸引它的物體的質量有關。以一顆小鐵珠為例，因為地球的質量比月球的質量大好幾倍，所以小鐵珠在地球上被施加的重力，就會比在月球上被施加的重力為大。小鐵珠在月球上的重量變輕了，變得像一顆小膠珠一樣呢！

 我聽說過太空人在太空是處於無重狀態。那無重狀態是什麼？

無重狀態指我們在自由落體時，感受不到應該存在的重力，好像沒有重量的狀態。

 可以再告訴我一些無重狀態的例子嗎？

當然可以！例如：當人們跳傘的時候，因為人們處於自由落體，所以無法感受到重力，於是便形成了沒有重量感覺的無重狀態。

飄浮的乒乓球

　　由於地心吸力，物件都不會飄浮在空中，但現在有一個有趣的小實驗，可以令乒乓球飄浮在空中，你相信嗎？不如現在就試一試吧。

所需工具：

- 吹風機　　　1 個
- 乒乓球　　　1 個

步驟：

1. 一隻手拿着吹風機，把出風口向上。
2. 把乒乓球放在出風口的上方，然後開動吹風機＊。

小貼士：

若想造成乒乓球飄浮在空中的效果，吹風機不可從下往上垂直地吹，而是要調整好角度才能成功。你可能要嘗試數次啊！

　　小朋友，你知道為什麼乒乓球可以飄浮在空中嗎？

可再生能源
離島郊遊猜謎記

奇洛一家和魯飛到**南丫島**郊遊去。在前往離島的船上，爸爸向奇洛、多多和魯飛提出了一個挑戰，說：「南丫島有個烏溜溜的**黑色沙灘**，還有一把如高樓般的**巨型電風扇**！一會兒到達後，看看你們能不能夠把它們找出來。」

「這挑戰難不到我們的！」三位小朋友異口同聲說。

到達後，媽媽説：「我們去行山吧，在山頂上可以看到漂亮的風景，下山後又可以去品嘗海鮮。」

「好啊！」三位小朋友同聲歡呼，魯飛更是**雀躍萬分**。

他們沿着小徑走了沒多久，魯飛便指着前方説：「那裏有三支高高的**大煙囱**呢！」

爸爸説：「那裏是南丫發電廠，是一座**火力發電廠**。」

突然多多大叫：「我發現黑色沙灘了！可是為什麼發電廠旁邊堆放着這麼多黑色的**沙子**呢？」

聰明的奇洛推測道：「多多，那些不是沙子，是**煤**啊！爸爸，這座發電廠是以**燃煤**來發電的，對嗎？」

爸爸説：「對了，發電廠透過燃煤來產生**熱能**，然後轉化成**電力**。不過，燃煤發電會產生很多含有**污染物**的氣體，因此就要依靠那幾枝煙囱把廢氣排放至高空。」

「而且煤是一種**不可再生能源**，用光就沒有了。」媽媽補充説。

多多擔憂地問：「那用光了這些煤，發電廠便沒有**燃料**去發電了嗎？沒有了電力，我們豈不是沒有電視可以看，沒有……」

「別擔心，待你們找到巨型電風扇後，就會看到解決**能源短缺**的曙光了。」爸爸安慰道。

多多懷着希望繼續往前行。大家的步伐隨着愉快的心情也越來越輕快。唯獨是魯飛，他拖着身子，好不容易趕上大家，來到了涼亭。他才**癱坐**在涼亭的椅子上，卻又如彈簧般跳起來，高呼：「我找到巨型電風扇了！」

「這就是解決能源短缺的曙光嗎？」奇洛説。

爸爸説：「沒錯，這是發電風車，是南丫風采發電站裏的一部**風力**發電機，它可以把風力轉化成電力。因為風是取之不盡的，所以風力發電是一種**可再生能源**，並且是不會造成污染的**綠色能源**呢！」

當大家沉醉在美景和希望之中，魯飛卻着急地説：「我們快些下山吧！我的肚子在叫，嚷着要去**品嘗海鮮**呢！」

日常使用的能源

在我們的日常生活中，能源是不可或缺的，很多事物都需要能源啟動，例如打電話、做飯以至火箭升空。現時，我們使用的能源分為兩類：不可再生能源和可再生能源。

不可再生能源是耗盡後不可以在短時間內補充的能源。煤就是其中一種例子，透過燃燒煤可以產生熱力，發電廠入面的機械就會把熱力轉化為電力。不過，煤在地球上的蘊藏量有限，如果我們現在把所有的煤用光，之後就再沒有煤用了。

可再生能源就是指取之不盡又用之不竭的能源，太陽能、水能、風能等就是好例子。風是一種氣體流動的物理現象，科學家建設巨型風車，利用風流動時可產生能量的現象，使風吹過風車時令風車轉動，從而帶動風車內的發電機，把風能轉化為電能。由於風是會不斷產生的，所以風車便可以一直地運作下去，為我們提供無窮無盡的能源。

為什麼開發可再生能源是當務之急？

主要有兩個原因。首先，因為不可再生能源是有限的，所以要急需找到替代品。其次是當利用不可再生能源發電時，會造成嚴重的環境污染，例如空氣污染、產生放射性廢物等，但可再生能源所造成的污染就相對地少。

我們不能製造更多的煤嗎？製造更多煤不就可解決能源短決了嗎？

煤是一種化石燃料，是幾億年前的古代植物被一層又一層的沉積物埋在地底，經過長時間的高溫和壓力而形成的。依靠現時的科技，要大量製造煤去解決能源問題是不可行的。

既然煤是珍貴的不可再生能源，為什麼發電廠把煤放在露天的地方，不怕下雨時弄濕嗎？

這真是一個好問題！其實煤是易燃物品，就算不下雨，發電廠的工作人員也需要向煤灑水，防止它們自己燃燒起來。這是安全措施之一，免得引起火災。因此，下雨反而幫了工作人員一個大忙呢！

水車模型

在古代，已有人利用可再生能源去解決生活上的問題，例如製作水車去灌溉田地。我們也來做做看吧！

所需工具：
- 膠匙子　　　4 隻
- 畫筆或膠棒　1 枝
- 魚尾夾　　　2 個
- 膠盒子　　　1 個
- 發泡膠　　　1 塊

步驟：

1. 你可以在文具店買 1 塊發泡膠，或是保留一些要丟棄的發泡膠，然後把它剪成一個直徑 5 厘米、高 4 厘米的圓柱體。

2. 把膠匙子的把手剪走，剩下約 4 厘米的長度。

3. 把畫筆穿過發泡膠圓柱體的中心點，然後把 4 隻膠匙子平均間距插到發泡膠圓柱體的曲面上。

4. 把魚尾夾固定在膠盒子的兩端，再把畫筆穿過魚尾夾手抦。

5. 完成後，你就可以在水龍頭下，以小水柱沖灑匙子表面。當水從高處沖向匙子時，便會推動匙子，然後帶動發泡膠，最終令這個水車模型也跟着不停轉動。

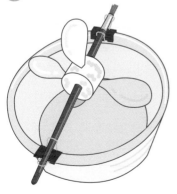

不斷流動的水可以為水車帶來源源不絕的動力。因為水亦是取之不盡，而且用之不竭，所以也是一種可再生能源。

作用力和反作用力
跑不動的未來汽車

　　常識科正在教授「科學與生活」主題。迪奧老師安排了一項有趣的功課，就是請同學們設計一輛非電力推動的未來汽車。

　　這項功課需要很高的創意，對同學們來說一點也不容易，好幾天都想不出個頭緒來。在交功課的那天，魯飛自信滿滿地向同學們展示自己的設計圖，說：「大家來看看我的設計吧！這絕對是未來汽車的大趨勢。」

　　海力看了看，問：「魯飛，這輛車有什麼特別的地方？」

　　魯飛清了清喉嚨，認真地答：「我這輛車最特別的地方，就是完全不需要借助任何能量就能移動，是世界上最環保的車。」

　　貝莉說：「嘩！這真是厲害，你能詳細介紹一下它的運作原理嗎？」

魯飛接着説：「其實原理很簡單。因為車頭裝上了一塊**鐵片**，所以只要有一條吊臂把一個**巨型磁石**吊在車頭前方，磁石就會吸引鐵，把車往前拉，這樣就完全**不需要燃料**，車就可以往前行駛啦！」

聽完魯飛的描述，大家都很佩服他有這麼**創新**的想法。

這時，迪奧老師剛好來到課室，魯飛便急不及待把自己的設計交給老師並講解一番。

迪奧老師遲疑了一會兒，說：「這車……應該不能向前走。」

眾人和魯飛一樣驚訝，齊聲問：「老師，為什麼？」

「這是因為**牛頓第三定律**。」迪奧老師指着吊臂的位置繼續說：「車子因為被磁石吸引而產生了一種向前的**作用力**，而磁石也產生了一種相反方向的**反作用力**，結果兩個力就會**互相抵消**，令車子原地不動。」

魯飛聽罷失望極了，垂頭喪氣。

迪奧老師拍拍魯飛肩膀，鼓勵他說：「魯飛，正所謂**失敗乃成功之母**，所有發明家都經歷過失敗，**努力不懈**才會成功的。而且你非常有創意，也是十分值得讚許的。」

魯飛得到老師的**鼓勵**，下定決心要改良自己的設計。他抬起頭，說：「老師！就算遇到再多的失敗，魯飛都**不會放棄**，會繼續勇往直前的！」

牛頓第三定律

　　原來力是一對對產生的。著名物理學家牛頓在他的第三定律中指出：「如果有一個力存在，那麼就必定會有另一個跟它一樣大小，但以相反方向而且作用於不同物件的力同時存在。」例如：地球會產生地心吸力把我們吸住，但其實我們都會產生一個相同大小的引力，把地球吸向我們。因此，現今科學家在設計太空火箭、飛機和飛船時，都會牽涉到牛頓第三定律。

　　故事中，玩具車前面的磁石產生了一種令車子向前移動作用力，但同時有另一種反作用力以反方向地推着磁石。因為兩個力方向相反，大小又一樣，所以兩個力會互相抵消，結果魯飛發明的玩具車既不會往前走也不會往後退。

在日常生活中,哪裏可體現到牛頓第三定律?🥺

日常生活中出現牛頓第三定律的例子有很多,例如我們平常走路,都涉及牛頓第三定律。我們走路時能往前行,就是因為向地面施加了一個向後的作用力,所以導致地面產生了一個向前的反作用力,令我們可以向前行。

我們在冰面或濕滑的地面會較難行,也和牛頓第三定律有關嗎?

在冰面或濕滑的地面上的摩擦力較小,當我們雙腳往後施力時,產生的反作用力亦會較小,因此就會感到比較難行走。😄

火箭升空和牛頓第三定律有什麼關係?

火箭能夠飛往太空,是因為它透過燃燒,把空氣往後推,從而獲取一種向上的反作用力而令它向上飛。這就是牛頓第三定律的原理。

高速氣球車

　　雖然故事中魯飛的玩具車因牛頓第三定律而未能「自己」行走，但如果運用得當，其實牛頓第三定律對機械工程（例如是汽車、船、飛機等）相當重要。小朋友，我們現在就試試利用牛頓第三定律製作一架高速氣球車吧！

所需工具：
●有輪子的小型玩具車	1架
●粗飲管	1枝
●氣球	1個
●膠紙	1卷

步驟：

1. 把粗飲管放進氣球的吹氣位置，然後用膠紙固定好。

2. 把粗飲管和氣球貼在你的玩具車上。

3. 利用飲管把氣球吹起來，然後堵住出氣口別讓空氣從氣球裏漏出來。

4. 把玩具車放到地上，然後放手。

　　小朋友，當你放手後，玩具車會怎麼樣呢？為什麼會有這個效果呢？試着用牛頓第三定律解釋以上的現象吧！

魚缸有多大？

　　小寶爸爸正在街上閒逛的時候，突然想到家裏的小金魚們日漸長大，現在的魚缸對牠們來説太小了，便決定到**魚類用品店**買一個新的魚缸回家。

　　來到商店，店員詢問小寶爸爸需要多大的魚缸，可是爸爸不太確定家裏魚缸的大小，於是打電話給在家的小寶，讓她**量度**一下。

　　「小寶，你可以幫爸爸量一量家裏**魚缸的大小**嗎？」爸爸問。

　　小寶回答説：「好的，沒問題！」

　　剛巧貝莉和伊雪來了小寶家玩，聽到小寶要幫爸爸量度魚缸，她們也一起**幫忙**。

　　伊雪説：「魚缸是 40 厘米大的。」

　　小寶説：「才不是呢，魚缸是 25 厘米大才對。」

　　貝莉又説：「你們都錯了，魚缸的大小是 20 厘米。」

　　三個小女孩在電話的一端**爭吵不休**，聽得爸爸一頭霧水。結果爸爸只好先放下買魚缸的事，回家看看她們到底發生什麼事。

　　回到家裏，小寶、貝莉和伊雪還在爭吵魚缸的大小。爸爸看到後，説：「好了，你們先別吵架。可以告訴我你們都量度了什麼嗎？」

　　伊雪先説：「最長的這邊是 40 厘米。」

　　小寶説：「我量了這裏，是 25 厘米沒錯。」

　　貝莉又説：「我量度了垂直的這邊，是 20 厘米。」

　　爸爸聽完她們的回答，説：「你們都沒有錯，不過你們量度的分別是魚缸的**長、闊**和**高**，可是如果想知道魚缸的大小，便

要計算魚缸的**體積**。」

小寶問：「什麼是體積？」

爸爸拿出尺子，邊量度邊說：「這個魚缸是**長方體**，要計算魚缸的體積，我們要先量一量它的長、闊和高，即是你們剛剛量度所得的數字。」

爸爸繼續說：「這個魚缸的長、闊和高，分別就是 40 厘米、25 厘米和 20 厘米，把三者相乘就可以得出答案，而計算體積的單位就是**立方厘米**。因此，魚缸的體積是 **20,000 立方厘米**，亦即代表**容量**是 **20 公升**。好吧，我們現在一起去買魚缸好嗎？」

小寶、貝莉和伊雪齊聲說：「好啊！」

三個小女孩來到魚類用品店，看着**珊琅滿目的魚缸**，都十分興奮。最後爸爸買了一個容量是 35 公升的新魚缸。

回到家裏，小寶和爸爸便把小金魚們遷到新魚缸。牠們似乎也很喜歡這個**又新又大的家**，不斷在缸裏游來游去，十分高興呢。

維度和空間

　　很多時我們都會聽到人們提到空間（space）和維度（dimension），空間可以簡單地理解為物體所佔有的地方或位置，而維度在科學和數學上，就是指可能的運動方向。0 維（0D）是一點，物件沒有長度；1 維（1D）是線，物件只有長度；2 維（2D）是平面，物件有長和闊，形成面積；3 維（3D）是在平面上垂直延伸出高度，令平面變成立體。這件立體物件佔有的空間，就稱為體積。

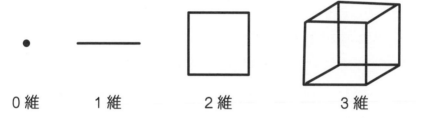

| 0 維 | 1 維 | 2 維 | 3 維 |

　　那麼日常生活中怎樣計算出物件的體積呢？首先，一個長、闊和高均為 1 厘米的正方體，它的體積就是 1 立方厘米。若以故事中小寶家的舊魚缸為例，它的長、闊和高分別就等於 40、25 和 20 個 1 立方厘米的正方體並排在一起。由此可知，若想求出魚缸的正方體總數，便需要利用乘數求出長、闊和高的積，即是 40 × 25 × 20 ＝ 20,000 立方厘米。體積和容量是有着緊密的關係，容量就是指一個容器能夠裝得下的體積。容量的常用單位是公升和毫升，而 1 公升等於 1,000 毫升。體積和容量的換算很簡單，1 立方厘米就等於 1 毫升，因此，故事中小寶家的舊魚缸容量就是 20 公升了。

怎樣計算圓柱狀物件的體積？

圓柱體的體積是底面積乘以高。即半徑 × 半徑 × π × 高度。

如果是不規則形狀的物體，找不到合適的公式去計算體積怎麼辦？

你可以把該物體放進裝滿水的容器中，水會溢出，溢出的水的體積便是不規則物體的體積了。

其實體積在日常生活中有什麼用途？好像都沒有應用得到的地方。

其實在日常生活中使用體積的地方有很多，例如我們到超級市場買飲品，我們會留意和比較容量和價錢，當價格相同時，哪一款的容量較多、較划算，只是我們沒有察覺它吧。

愛心首飾盒

　　小朋友，趁着本課我們學會了量度體積，不如我們就藉此機會，一起製作一個立體的首飾盒送給媽媽，感謝她無條件的愛。

所需工具：

- 硬卡紙　　　1 張
- 絲帶　　　　1 條
- 膠水　　　　1 枝
- 膠紙　　　　1 卷
- 花布　　　　1 塊
- 剪刀　　　　1 把

步驟：

1. 向媽媽借一件飾物例如手鐲，並量一量它的大小。
2. 按着飾物的大小，設計首飾盒的長、闊、高*。
3. 按着尺寸，把硬卡紙剪成以下的形狀。
4. 把卡紙摺成小盒子，用膠紙固定四邊，再用花布把小盒子包好。
5. 在外面貼上絲帶裝飾，首飾盒便完成了。

* 注意小盒子的長、闊、高要比飾物略大一點才可以啊！

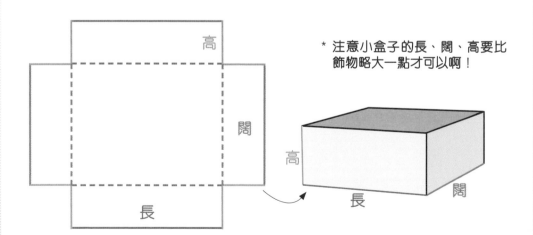

磁力
鐵珠爭奪戰

　　每逢小息，課室都會熱鬧起來，每位同學都在做自己**喜歡的事情**，有些同學在吃零食，有些同學在聊天。

　　魯飛對坐在旁邊的伊雪說：「伊雪，在星期天我幫家人收拾舊物品時，發現了一個**有趣的小玩意**，特別帶回來給你看看。」

　　這時坐在前面的小寶聽見有有趣的東西，也轉過頭來，看到魯飛從書包中取出兩個**老虎手偶**和一顆小小的**鐵珠**。

　　小寶拿起手偶問：「這是什麼手偶？有點**重量**呢！」

　　魯飛說：「我也不知道，我只知道它們能吸住鐵珠。」

　　伊雪也很好奇：「這麼神奇？」

　　魯飛說：「以前爸爸曾經教過我玩一個小遊戲，正是用這兩個老虎手偶和一顆鐵珠玩的，不如我們一起玩，好嗎？」

小寶和伊雪同聲說:「當然好!」

魯飛解釋道:「比賽規則很簡單,我們先在各自的陣地畫**一條紅線**,並把鐵珠放在雙方的中央,然後我們各自拿着一個老虎手偶,在老虎的手不碰到鐵珠的情況下,看看誰能最快能把鐵珠吸引到自己的紅線內便**獲勝**。」

伊雪說:「明白,我們立即開始吧!」

小寶說:「那麼我就當評判啦!」

一輪**鐵珠爭奪戰**展開了,還吸引到不少同學前來圍觀。

連勝了數回合的魯飛興奮地對奇洛說:「奇洛,你快來看看這神奇的老虎手偶!」

正在巡視課室的迪奧老師看見他們正玩得興高采烈，也感到十分好奇，於是上前看看，說：「這些老虎手偶裏面一定都藏了磁石吧。」

魯飛驚訝地問道：「老師你怎麼知道的？」

迪奧老師說：「磁石是一種帶有磁性的物體。它可以產生磁力，吸住鐵珠。磁石產生的磁力在日常生活中有不少的應用，例如指南針。另外，著名的上海磁浮列車都是利用磁力運作的，而且行駛速度相當之快呢！」

這時，課室外傳來了貝莉的聲音：「奇洛，奇洛，我剛從小賣部買了餅乾，我們一起吃吧！」

魯飛突然靈機一轉，拍了拍奇洛的肩膀，古靈精怪地說：「奇洛，你的那顆鐵珠來了！」

奇洛疑惑地問：「什麼鐵珠？」

伊雪笑着說：「如果奇洛是老虎手偶，貝莉就是鐵珠，所以只要有奇洛的地方，貝莉就一定會被吸引過去呢！」

貝莉聽到之後漲紅了臉，與同學們分享餅乾。就這樣，大家愉快地度過了一個小息。

磁的特性

　　磁力亦是力的一種，帶有磁特性的物體在科學上通稱為磁體。每個磁體都有兩極。為了更清楚表達磁的特性，科學家把磁體的兩極分別稱為南極（S）和北極（N）。

　　雖然磁力跟地心吸力一樣，都是其中一種力，但與地心吸力不同，磁力不但可以產生互相吸引的力，還可以產生互相排斥的力。例如一塊磁石的南極會與另一塊磁石的北極相吸，而兩塊磁石的南極（或北極）就會相斥。這現象稱為「同性相拒、異性相吸」。現時利用磁力運作的機械有很多，較為人所知的有起重機、磁浮列車等。

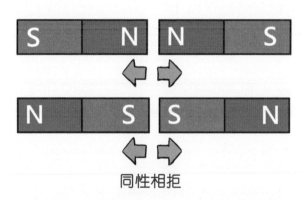

同性相拒

異性相吸

若只有一個磁體（例如磁石），會產生磁力嗎？

若只有一個磁體（例如你手上只有一塊磁石），是不存在磁力的。你需要有兩個或以上的磁體，磁力才會出現。

如果把一塊磁石從中間切成兩塊，會否得到兩塊只有一個極的磁石？

不會的，如果把一塊磁石從中間切開，你會得到兩塊各有南、北兩極的磁石。

那有沒有只有一個極的磁石？😜

曾經有一些科學家認為可能會存在只有一個極的磁石，可是，直至目前為止仍然找不到。現時的所有磁石都有南、北兩極。🤔

簡單的磁浮列車

在日常生活中，其中一個最著名的磁力應用應該要算磁浮列車了。簡單來說，磁浮列車就是利用磁力把列車升起，令列車和路軌間的摩擦力減少，從而達到節省能量和提升速度的效果。現時在亞洲的中國、日本和南韓都有磁浮列車。

其實想於家中利用磁力原理制作簡單的磁浮小列車，也不是很困難的。

所需工具：
- 卡紙　1張
- 紙盒　3個
- 強力磁石　數塊

步驟：

1. 把卡紙剪成1厘米闊的條狀，然後在上面貼上強力磁石，製成路軌。注意要同極朝上，例如所有N向上。

2. 把兩塊磁石安裝於作為車身的紙盒的底部，注意磁石朝下的極需與路軌朝上的極相同，按步驟 1 來說就是N要向下。

3. 把另外兩個紙盒放置在路軌的兩旁，闊度要剛好能讓車身通過。這兩個紙盒的作用是控制車子的前進方向，以防出軌。如果想延長路軌，可以多加幾個紙盒把軌道加長，也可以製作彎曲的路軌。

4. 把車身放在路軌上，輕輕往前一推。看！磁浮小列車移動了！

小朋友，你知道還有什麼方法可以製造磁浮列車嗎？

熱傳導
胖胖的極地動物

今天在科學學會的課後活動中，迪奧老師介紹的題目是**極地氣候**，他播放了一套關於**極地動物**的紀錄片給學生們觀看。

紀錄片中詳細講述了極地的**氣候和環境**，也介紹了棲息在極地的動物和牠們的**生活習性**。影片中提及到不少生活在南極和北極的動物，例如企鵝、海豹、虎鯨，以及北極熊、北極馴鹿和北極麝牛。

影片播放完畢後，迪奧老師請同學分成四人一組，在小組裏分享自己的觀後感。海力、伊雪、小寶和魯飛是同一組。

小寶首先分享說：「剛才在影片中看到的**北極熊**，全身長滿雪白的毛髮，好可愛啊！」

伊雪說：「是的，我也覺得北極熊很可愛，尤其是那些北極熊寶寶，真想去北極抱抱牠們！」

2. 動植物的
神乎奇技

　　魯飛說：「我就比較喜歡**企鵝**，牠們在陸地上行走的姿勢很有趣！」

　　這時，小寶看到海力在發呆，問：「海力！海力！你在想什麼？你喜歡哪種動物？」

　　海力說：「嗯？沒有，我只是對一些事情感到好奇。」

　　魯飛有點驚訝地問：「什麼事情令你這麼好奇呢？」

　　海力說：「就是剛才在影片中看到的極地動物，不管是南極還是北極動物，為什麼牠們的身形都是**胖胖又圓滾滾的**？」

　　伊雪笑說：「可能是因為極地的氣候太**寒冷**，所以牠們都把衣服穿在身體裏。」

　　小寶接着說：「哈哈，又或者是牠們把被子藏在身體裏面了。」

　　海力沉思了一會兒，突然站了起來說：「我知道了！難道是牠們身上的脂肪可以**幫助保暖**？」

　　這時，迪奧老師剛好來到這組旁邊，說：「是的，

43

極地動物之所以胖胖的，是因為牠們的**皮下脂肪**相當厚實，這些脂肪能幫助牠們**減慢熱能流失**，達到保暖的效果。」

迪奧老師續說：「除此之外，牠們的脂肪還可以在糧食不足的時候，轉化成能量供應牠們日常活動所需，幫助牠們**渡過寒冷的冬天**。」

這時海力、小寶和伊雪都不約而同地看着魯飛的肚皮，魯飛也禁不住摸了摸自己圓鼓鼓的肚皮，驕傲地說：「看來我也**不怕冬天**了！」

熱的傳遞方式

動物的脂肪層能夠保暖，這和熱的傳遞方式有關。

熱的傳遞方式可以分為三種：

1 傳導（conduction）：

指兩個固體物件透過接觸，把熱力從高溫物件傳遞到低溫物件的一種方式。一般來說，金屬是良好的傳導熱力物料。

2 對流（convection）：

指冷和熱的氣體或液體，受熱上升和受冷下降而形成的循環，熱力就隨着循環而傳播。

3 輻射（radiation）：

指熱力從燃燒或發熱的物體向外散發熱能。輻射可以在沒有空氣的環境中傳播。

為什麼我們感到寒冷時會起雞皮疙瘩（俗稱「起雞皮」）？

雞皮疙瘩是人類禦寒的方法之一。透過豎起皮膚表面的毛髮去困住身體表面的空氣，便形成一層空氣保護層。因為空氣的熱傳導較差，所以有減少熱量流失的作用。

在日常生活中，還有哪些熱傳導的例子？

做飯燒菜時所用的器具，都是用易於傳熱的金屬製作而成。金屬是很好的熱傳導物料，能很快把熱傳到食物，縮短煮食的時間。

熱對流和熱輻射也能在日常生活找到應用例子嗎？

你們使用過真空保溫瓶嗎？為了有效維持瓶內的食材的溫度，真空保溫瓶會於內外夾層中，製造一層真空層。由於熱傳導及熱對流都需要介質去傳播，真空層就可以阻隔熱傳導及熱對流。同時，為了減少溫度以熱輻射的方式流失，真空保溫瓶的內部會被塗上銀色，這樣就可以減少熱能透過熱輻射流失。

觀察溫度計

透過親身經歷來學習是很有效的學習方法。現在我們就來做個小實驗，透過觀察溫度計，一起來了解空氣怎樣阻礙熱的傳遞，然後完成以下的問題吧。

所需工具：
- 玻璃管溫度計　2枝
- 棉花　適量
- 透明膠袋　1個
- 橡皮圈　1條
- 冰水　1碗

步驟：

1. 先把兩枝一樣的玻璃管溫度計放置於室溫下一段時間，讓它們的讀數相同。

2. 把棉花放進透明膠袋，然後把其中一枝溫度計放進膠袋，並用橡皮圈束緊袋口。

3. 把兩枝溫度計同時放入冰水內。

4. 觀察兩枝溫度計的溫度轉變。

問題：

1. 哪枝溫度計的溫度改變得較快？

2. 你能解釋為什麼會出現以上的結果嗎？試圈出正確答案。

　　因為棉花裏面充滿了空氣，空氣是 a.（良好的／ 不良的）熱傳導體，所以被棉花包裹的溫度計的熱力會流失得較 b.（快／ 慢），因此，溫度下降得較 c.（快／ 慢）。

植物也要吃大餐

為了培養**愛護大自然**的態度，多多就讀的幼稚園在課堂裏向小朋友講解了人和植物的關係。原來植物不單可以作為糧食，更可以**提供氧氣**，供生物生存之用，所以植物對於**環境保護**來說是十分重要的。

老師派發了一棵小花苗給每位同學帶回家栽種。多多覺得小花苗有如一顆**七彩寶石**，色彩絢麗，十分好看。

多多對小花苗**愛護有加**，除了睡覺以外，都會把小花苗放在身邊。多多會唱歌給小花苗聽，每日替小花苗**澆水**和量高。多多更為小花苗建造了一個小簷，為它**遮風擋雨**。可是，小花苗就一直不怎麼長高。

這天海力來到多多家，打算找奇洛玩，剛巧奇洛不在。海力正要離去時，碰見正在回家的多多。這時多多左手抱住小花苗，右手拿着小書包，邊走邊哭泣。

海力問：「多多，發生了什麼事？」

多多看見海力，終於忍不住放聲大哭，說：「嗚嗚……海力哥哥，它要死了……我這麼愛護它，為何它要死？」

海力越聽越**糊塗**，問：「什麼意思？誰要死了？」

多多揉了揉眼睛，說：「上星期老師把小花苗交給我時，它本來是最高、最壯的，可是一星期後其他同學

的小花苗都長高了，唯獨我的長不高⋯⋯」說着說着，多多又哭了起來。

「不用哭，我爸爸之前教過我一些照顧植物的技巧，或許可以幫到你。」

多多聽到後立即**眼睛發亮**，把平時照顧小花苗的事情娓娓道來。

聽罷。海力便拉着多多的手，來到了小簷前面，說：「多多，這就是小花苗長不高的主要原因了！」

多多問：「為什麼？」

海力回答：「多多，植物跟人一樣都需要食物去**維持生命**。不過和人類不同，植物獲取食物的方式很特別，它們會透過**光合作用**，利用陽光製造食物。因為小簷阻擋了陽光，所以小花苗不能製造食物，便不長高了。」

「我明白了！」多多說：「海力哥哥，我今日開始會好好讓小花苗**曬太陽**、進行光合作用，再也不會讓它餓肚子啦！」

植物的食物來源

　　與動物不同，植物可以進行光合作用（photosynthesis），自行生產食物。大部分綠色的植物，例如藻、苔蘚、香港常見的木棉樹等，都能夠進行光合作用。因為可以自行製造食物，所以植物又被稱為自營生物，即自己能製造食物的生物。

　　透過光合作用，植物能夠利用陽光，把從泥土吸收到的水分和從氣孔吸入的二氧化碳分解，轉化成氧氣和葡萄糖。葡萄糖可以為植物提供能量，因此植物能從光合作用獲得生長和發育所必需的養分，而多餘的氧氣則會被釋放。為了製造更多的食物，有些植物會爭相生得更高，使葉子長得更闊去獲取更多的陽光，根部也會在泥土裏擴展，以獲取更多水分。

我們可以使用人工照明取代陽光供植物進行光合作用嗎？

我們可以換個角度看，植物進行光合作用時需要陽光，是因為植物需要陽光當中的紅光和藍光，用以把水和二氧化碳分解，轉化成氧氣和葡萄糖。依據這個原則，不論是人工照明還是陽光，只要能提供到植物所需的色光就可產生光合作用了。

光合作用一般發生在植物哪個位置？

光合作用一般發生在植物綠色的部分，例如葉片上。

光合作用和植物的綠色有什麼關係？

光合作用和植物的綠色有着直接關係。因為紅光和藍光的有較佳的光合作用效果，所以植物在光合作用中會從白色的可見光中吸收較多的紅光和藍光，並反射出綠光，令我們看見的「綠色的」植物。

光合作用的要素

小朋友，請你試試回憶本課所學到的知識，找出植物進行光合作用所需要的材料吧。

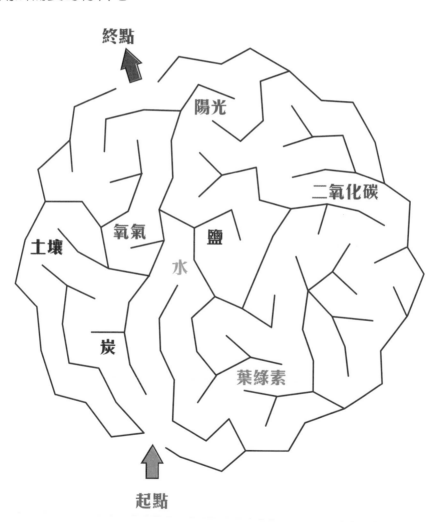

終點

陽光

二氧化碳

氧氣   鹽

土壤   水

炭

葉綠素

起點

一起成長的魚和菜

小息時，布加和海力在操場踢毽。布加突然說：「咦！為什麼這裏多了一些**玻璃房**？之前明明沒有的。」

這時他們看見幾位老師拿着一些**箱子**和**雜物**進入了玻璃房，好像要製作什麼。大家都很好奇老師們在做什麼，紛紛暫停活動，走過來湊熱鬧。

伊雪好奇地問：「你們覺得老師們在做什麼呢？」

布加回答：「可能是建設一個**玻璃花園**。」

海力思索了一會兒，說：「我認為是供晚上**觀星**用的。」

貝莉幻想着大家一起觀星的畫面說：「觀星嗎？如果有沙發就更好了。奇洛，要不我們今晚就來這裏觀星？」

奇洛無奈地說：「你們不要亂猜了，待蓋好後便知道了。」

比力克老師看到這麼多同學圍觀，便邀請同學**入內**

參觀，率先向他們介紹學校的**新設施**。

　　魯飛問：「老師，這個玻璃房有什麼用途？」

　　比力克老師說：「為了宣揚**與環境共存**和**珍惜資源**的理念，我們設立了這個玻璃房，並將會放置一些綠色植物和十台魚菜共生系統。」

　　貝莉問：「什麼是**魚菜共生系統**？」

　　比力克老師回答道：「魚菜共生系統是指魚跟菜**互利共生**、**循環不息**的生態系統。」

魯飛問：「什麼是互利共生？」

海力回答說：「我好像在書中看過，魚的**排洩物**提供了植物所需的養分，而植物可以**過濾魚池中的水**，為魚兒提供**良好的生活環境**。」

比力克老師點點頭說：「沒錯，海力。除此以外，它對我們還有一個好處，你們再猜猜。」

奇洛說：「魚菜共生系統可以為人類**提供食物**。」

魯飛驚訝地問：「我們也要吃魚的排洩物嗎？魚的排洩物對人類哪有好處啊？」

比力克老師笑着說：「不是吃魚的排洩物，是吃上面栽種的蔬菜。到了收成期，我們就可以把蔬菜取下來清洗乾淨，加入一些醬汁、水果等，變成美味又可口的**營養午餐**了。」

聽到有食物，魯飛便**兩眼發光**，盯着那些箱子流口水。

伊雪見狀便笑說：「看來我們得要輪流守衞這些魚菜共生系統了，否則魯飛肚子餓的時候，一定會把未到收成期的菜苗全部吃掉呢！」

雙贏的魚菜共生系統

　　魚菜共生就是結合養殖魚類和種植蔬果，達到兩者共同生長的設施。它的設計原理很簡單。首先，魚的排洩物會經水泵送到蔬果種植池，然後由硝化菌分解成硝酸鹽、亞硝酸鹽等植物所需的養分，被植物的根吸收。另外，因為蔬果種植池能把魚的排洩物進行分解，所以起了過濾的作用，淨化後的水會送回魚缸裏。這種魚和植物互利共生的共同生長方式，就稱為魚菜共生。

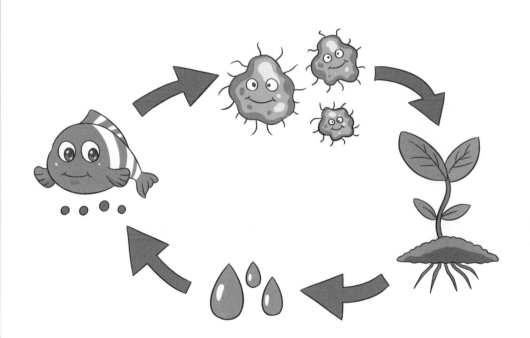

魚菜共生還有什麼優點？

魚菜共生最明顯的優點就是減少對環境的污染。魚類的排洩物一般含有氮、氨等成分，若直接排放到河流會對水質造成污染。但在魚菜共生的系統內，魚類的排洩物變成了植物生長的養分。除了減少水質污染外，還可以減少使用肥料。

設置魚菜共生系統有什麼需要注意的地方？

雖然魚的排洩物經分解後能提供硝酸鹽，但想植物健康生長，還需要配合充足的陽光，以及適時適量地補充植物所需的微量元素，例如鐵、鈣、鉀等。

我們在家中怎樣選擇合適的魚放在魚菜共生系統中？

這要考慮魚兒的適應能力，是否適應缸中的生活環境。另外魚兒大小要適中，魚兒太大的話會缺乏足夠的活動空間。

構思魚菜共生系統

　　小朋友，試畫出水管中水流的方向，設計出一個簡單的魚菜共生系統。

毛細管作用
水會向上走？

這天放學後，奇洛、布加和貝莉留在學校的花卉園地，原來今天是**園藝學會**的課外活動日。

這時多多正好經過**花卉園地**附近，看到奇洛便跑過去，問道：「哥哥、布加、貝莉，你們在做什麼？」

奇洛說：「多多，下星期六便是學校一年一度的**開放日**，園藝學會將會負責一個攤位。我們打算展示自行種植的**花卉**給參觀者欣賞，所以正在修剪將於開放日展示的盆栽。」

多多聽了搖頭說：「我對花卉的認識不多。」

布加說：「不要緊。我們除了預備好供展覽的花卉外，也準備了展板告訴大家有關各種**植物護理的技巧**，還有小遊戲，讓參觀者玩得開心之餘，又能增加對園藝的認識。」

貝莉突然拉着多多的小手說：「來，貝莉姐姐教你

澆水！」說罷便拿起一個水壺去**澆花**。

多多看見貝莉把水澆在泥土上，急得大叫：「貝莉姐姐不是應該要把水澆到**葉子**上嗎？如果你只把水澆到泥土的話，水又怎樣能去到葉子上呢？」

布加解釋說：「多多，別擔心。植物的根可以吸收泥土裏的水，再送到葉子。」

多多搖了搖頭，説：「我不信，水怎麼能自己走上去？除非你們告訴我水怎樣能被送到葉子。」

貝莉和奇洛想了想，發覺好像也有些道理，如果水不會自己往上走，那到底水是怎樣從根部送到葉子呢？

多多正打算要把水澆到葉子上，這時布加走過來摸了摸多多的頭，説：「多多，相信我吧，泥土中的水分一定可以運送到葉子那裏的。」

多多好奇地問：「真的嗎？可以讓我看看嗎？」

「好吧！」布加説：「我就表演一下吧。」

布加拿了一支透明小膠管放進一杯水裏。然後貝莉、奇洛和多多便大叫起來：「水……真的向上升了！」

布加笑笑説：「這就是毛細管作用。植物利用這個原理，令水可以從根部往上升至葉子去進行光合作用，所以我們不需要直接把水往葉子上澆的。」

貝莉説：「布加真聰明，連這種知識都知道！好吧，時間不早了，我們現在趕快把水澆到盆栽的泥土上，完成後就回家吧。」

小管中的神奇效果

　　毛細管作用常見於窄小的管狀物裏。當液體在細小管狀物內側時，它們之間會利用表面張力，令液體在不需要外力的幫助下，也可以流入小管內的一種效果。表面張力是指兩種不同狀態的物體之間（常見例子是水和其他物體）所形成的張力，溫度和物體本身的濃度都可以影響其表面張力。溫度越高表面張力越低；雜質普遍都會降低表面張力，例如當水遇上酒精時，水的表面張力便會下降。由於表面張力，毛細管作用甚至可以讓液體克服地心吸力，沿着小管向上升高一段距離。

　　毛細管作用一般取決於兩個主要因素：(1) 半徑和；(2) 液體的張力。當小管的半徑越短，毛細管作用就會越明顯，液體在垂直的小管中就可以爬得越高；若液體的張力越大，液體也可以在小管中爬得越高。

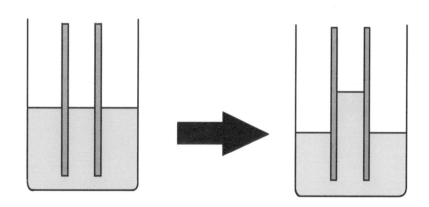

科學家是怎樣發現植物中的毛細管作用呢？😲

植物沒有心臟和血管去運送水和養分，科學家一直好奇植物是怎樣把水分由根部運送到各個部分。在研究下，科學家發現植物內部原來有很多小管，稱為維管束，主要功用就是負責運送水和養分。科學家在實驗室內以小管模仿植物的內部結構，把小管插到水中，發現水在管中能擺脫地心吸力，向上爬升一小段距離，這就是毛細管作用，它解開了植物運送機制的神秘面紗。

在日常生活中，有什麼東西應用了毛細管作用？

除了小學堂中提過的例子，日常生活中例如我們洗澡後，一般會用毛巾抹乾身體，而毛巾上有很多毛細管，因此可以吸走皮膚上的小水珠。在廟宇中經常使用的油燈，其中的燈蕊其實是棉繩，它也應用了毛細管作用，把作為燃料的油傳送到燈蕊的頂端。

自動澆水裝置

　　表面上毛細管作用似乎只存在於課本裏，跟我們的生活毫不相關。但事實上，只要好好利用它，毛細管作用亦可以為我們的生活帶來很多不同的貢獻，尤其是它可以在不消耗額外的能量下，讓液體克服地心吸力，沿着小管向上升高一段距離，這大大節省了能量的消耗，對保護環境有很大的幫助。

　　現在我們就一齊動手，利用毛細管作用原理，製作一個自動澆水裝置吧！

所需工具：
- 水　　　　　適量
- 棉線　　　　3 根
- 裝水的容器　1 個
- 盆栽　　　　1 盆

步驟：

1. 在盆栽旁邊裝一杯水，把容器放在比較高的位置。
2. 準備 3 根吸水的棉線，一端放在容器裏，另外一端埋進花盆裏。

　　數天後，你能說說泥土的狀況和水杯的水量有什麼變化嗎？

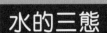

水的三態
多多的水不見了！

多多突然衝向正在看書的奇洛，大叫道：「哥哥快來看看啊！我昨日那杯水**消失**了！誰喝了我的水？」

奇洛説：「怎麼會有人喝你的水呢？」

多多説：「真的！我昨天把它放入**冰格**，今天就不見了。」

奇洛十分疑惑，走進廚房，打開冰箱一看，只見杯裏有一塊**固體**，頓時明白了，説：「**水**並沒有消失，它只是變成了**冰**。」

多多不信，反駁説：「不，明明就是消失了，我的水都沒了！否則你告訴我水到哪裏去了？」

奇洛摸了摸多多的頭説：「你先不要急，你昨天把那杯水放入冰箱的冰格裏，冰格的**温度低**，於是水變成了固體，即是冰。這塊透明的東西就是你的水了。」

多多哼了一聲，説：「哥哥你騙人！」

於是，奇洛建議説：「你如果不相信，不如我們一起做個**小實驗**吧。我們先把水倒進杯內並蓋好，在杯子上貼上你喜愛的貼紙，確保是同一杯水，然後把它放進冰格。看看到了明天，水會變成怎樣好不好？」

多多按照奇洛所説的一步一步跟着做，把水杯**盛得滿滿的**，然後放入冰格。

翌日當多多打開冰格的一刻，他興奮雀躍地説：「好厲害！那杯水果然變成了一塊又**硬**又**透明**的冰，而且它還從杯裏**爆出來**呢！」

奇洛解釋説：「是的，水變成冰後，**體積**會變大，不如……」

　　奇洛一邊解釋，一邊向多多遞過另一杯水和兩顆冰粒，説：「你試試把冰放到水裏吧，你猜冰會是**浮**還是**沉**？」

　　多多還未等奇洛把話説完，就把冰粒往水裏丟，然後説：「冰浮在水面，**沒有向下沉**，為什麼呢？我平常看到硬物掉進水裏時都會沉啊？」

　　奇洛説：「這跟密度有關，水變成冰後體積會變大，令冰的**密度**比水的密度低，於是冰就浮起來了。」

　　這時，多多突然把放在**桌面的汽水**拿過來，然後放進冰格內。奇洛好奇地問：「多多，這是為什麼？」

　　多多淘氣地笑了笑，説：「哥哥，我有個好主意，如果我們把汽水都變成冰，因為冰的體積較大，這樣我們就有**更多的汽水**喝了，我是不是很**聰明**呢？」

千變萬化的水

　　水是由氫、氧兩種化學元素組成的物體。水擁有三種不同的形態，分別是氣態、液態和固態，稱為水的三態。一般情況下，當溫度低於攝氏 0 度時，水會以固態形式出現，稱為「冰」；溫度介乎攝氏 0 度至 100 度之間時，水會以液態形式出現，也就是我們叫作「水」的液體；當溫度高於攝氏 100 度時，水會以氣態形式出現，稱為「水蒸氣」。因此，攝氏 0 度和 100 度又稱為冰點和沸點。

　　水的三態之密度特徵跟其他物體有些不同，令水成為科學家非常感興趣的物體之一。大部分物體在固態時，密度會比液態時高，而因為密度較高的物體會沉，所以它們的固態會沉入它們的液態之中。但是水卻剛好相反，固態水的密度比液態水低，所以冰就會浮在水面。這特性在生態環境中給動物造就了棲息地，例如北極熊依賴北極的海冰生存，牠們會在海冰上捕食；海豹也會靠海冰來哺育牠們的幼兒。

固態

液態

氣態

為什麼清晨的時候，有時樹葉的表面會出現小水珠？

日間的時候，溫度比較高，空氣中可以容納較多的氣態水，即水蒸氣。清晨的時候溫度比較低，空氣中可以容納的水分較少。水蒸氣就在樹葉表面上變回水，稱為露水。

當冬天溫度很低的時候，為什麼說話時會呼出白色的煙呢？

因為我們身體的溫度大約是攝氏 37 度，而冬天的氣溫遠低於人體的溫度，所以從口中呼氣時，溫差會令水分迅速凝結，看起來就像白色的煙。

什麼是水循環？

當太陽照射水面，海水或湖水受熱後就會蒸發，變成水蒸氣。當水蒸氣升到高空時會遇冷，凝結成水滴形成為雲。當雲層太厚重時，水會以不同形式落至地面，例如雨、雪或雹。落回地面的水最終又會返回大海。這個過程就是水循環。

自製蒸餾水

小朋友，你一定有喝過蒸餾水吧？不過原來我們也可以自行製作蒸餾水的，現在我們就來試試看吧！

所需工具：
- 玻璃杯　　　　　　　　　　1 隻
- 1 公升的塑膠樽　　　　　　1 個
- 盆子　　　　　　　　　　　1 個

步驟：

1. 首先把所有工具都清洗乾淨。

2. 請大人幫你把塑膠樽的底部剪走。

3. 把自來水倒入玻璃杯內，約半滿便可。

4. 把塑膠樽套着玻璃杯，把整套工具放在盆子裏，然後放在太陽下。若發現玻璃杯的水完全被蒸發後就需要加水。

5. 數小時後，你就會發現盆子裏收集了一些蒸餾水了。你可以利用這些蒸餾水來養魚或是澆花啊！

在這個自製蒸餾水的設計中，其實就是一個微型的水循環。小朋友，你可以在右圖裏加上紅色和藍色的箭嘴，分別解釋水的蒸發和凝結過程嗎？

吃得環保在源頭

　　每年學校都會舉行**義賣籌款日**，今年的籌款日就快到了，每個班級都會負責不同的工作，有些負責表演，有些負責帶領來賓參觀學校。貝莉、小寶和海力被分配負責飲品攤位，售賣飲品給來賓。

　　籌款日前一天，大家開會商量，決定售賣**鮮榨果汁**，於是放學後便到學校附近的超級市場購買新鮮水果。

　　來到超市，大家便看到許多來自不同地方的**水果**，有澳洲蘋果、日本葡萄、美國橙、韓國豐水梨、菲律賓呂宋芒等，令人眼花繚亂。當然還有本地生產的新鮮水果。

　　正當大家不知道該選哪種水果的時候，小寶為了節省時間，説：「別考慮太多了，每種水果隨便買一些就可以。」説着便拿起幾個蘋果放入**購物籃**。

貝莉立刻阻止，說：「等等，這樣不行。」

小寶疑惑地問：「為什麼？」

貝莉抬起頭說：「媽媽一直都只買**進口**的水果給我吃，她說進口的水果質量較好，比較甜又比較多汁！」

小寶不同意，搖搖頭說：「什麼進口不進口的，不都一樣是水果嗎？而且我們只是用來做果汁而已。」

貝莉**不肯妥協**，因為她知道奇洛和多多也會來，為了哄多多開心，她一定要製作最美味的果汁給多多品嚐，

於是她堅持說：「不行！一定要買進口的！」

海力看見兩人開始吵得**面紅耳赤**，便說：「你們不要爭吵了，其實我們選擇食物的時候，更應該考慮**食物里程和碳排放**！」

小寶和貝莉齊聲問：「什麼是食物里程和碳排放？」

海力解釋說：「食物里程是指食物從生產地到消費者的餐桌所經過的**運輸距離**。食物如果在遙遠的地方種植，來到我們手上的食物里程就越長，運送時產生的碳也越多。碳排放增加，可令地球**氣溫升高**，對環境有不良影響，因此越多碳排放就代表越**不環保**！」

貝莉於是問：「所以進口食物會有較高的碳排放嗎？」

海力答說：「一般來說是的。」

說時遲那時快，小寶已經走到售賣**本地生產**的水果攤，說：「你們快來看，這些都是本地生產的橙子、蘋果和梨子呢！」

貝莉聽到海力解說後也說：「我明白了。為了保護環境，讓大家都可以生活在美好的地球上，我和媽媽以後會多買些本地生產的水果吧。」

計算食物里程和碳排放

　　我們要保護環境，有效地管理食物里程和碳排放就變得相當重要。我們可以利用混合算術把食物里程和碳排放計算出來。以常見的日本蘋果為例，假設從農場到日本機場大約 50 公里，從日本機場到香港機場約 2,800 公里，從香港機場後需要 45 公里才到達我們手上。每運送一噸食物的飛機和貨車的碳排放分別為每公里 552 克和每公里 50 克。運用這些數據，就可以知道它的食物里程和碳排放。

日本蘋果的食物里程：
$50 + 2{,}800 + 45 = 2{,}895$ 公里

每運送 1 噸日本蘋果的碳排放量：	
從農場到日本機場：	$50 \times 50 = 2{,}500$ 克
從日本機場到香港機場：	$2{,}800 \times 552 = 1{,}545{,}600$ 克
從香港機場到我們手上：	$45 \times 50 = 2{,}250$ 克
每運送 1 噸日本蘋果的總碳排放：	$2{,}500 + 1{,}545{,}600 + 2{,}250 = 1{,}550{,}350$ 克
1 噸 = 1,000,000 克，每運送 1 克日本蘋果的碳排放量：	$1{,}550{,}350 \div 1{,}000{,}000 = 1.55035$ 克

　　相對地，本地生產的蘋果只需香港部分的食物里程，所以每克蘋果的碳排放大約只有 0.002 克。為了地球，你會怎樣選擇呢？

高碳排放對地球有什麼影響？

碳排放指的碳就是二氧化碳。二氧化碳是溫室氣體之一，它可以吸收來自太陽的輻射，令地球表面保持溫度平衡。但太多的二氧化碳會使大氣吸收過多的太陽輻射，使全球平均氣溫上升，持續惡化可引起全球氣候轉變。

是不是越低的碳排放就越好？

也不一定，各方面需要取得平衡才是理想。以運送水果為例，用單車運輸肯定比用飛機有更低的碳排放，但單車比飛機慢，水果又容易變壞，因此用單車運送水果，而令水果變壞也是得不償失。

除了購買本地生產的食物，我還可以做什麼去減低碳排放？

你可以在自己家裏種植蔬菜，例如芽菜，也可以步行或乘搭公共交通工具前往超級市場，取代私家車。

計算食物的碳排放

　　看完了故事,你是否都想為環保出一分力呢?不如現在就跟爸爸、媽媽到超級市場去比較一下不同食品的食物里程和碳排放吧!

　　你可以透過量度地圖上的距離,計算出食品的食物里程,然後計算它們的碳排放吧!

參考資料:

運輸工具	每運送一噸食物的碳排放量(克)
輪船	8
火車	18
貨車	50
飛機	552

究竟哪些食物比較環保又好吃呢?

槓桿原理
吃不到的蛋卷

魯飛説：「多多，你看我買了什麼送給你？」

「謝謝魯飛，讓我看看！」多多興奮地接過禮物，高興地説：「嘩！是蛋糕店**新推出的蛋卷**！」

「是的，我知道你喜歡蛋卷，所以買了一罐給你。」魯飛説。「對了，奇洛在哪裏？」

「他跟媽媽到**圖書館**去了！」多多一邊回答，一邊拆開蛋卷的包裝紙。

可是多多怎樣都打不開罐子。

魯飛見狀以為是多多的**力氣不足**，説：「讓我來吧！」但他費了**九牛二虎之力**也打不開罐子，氣憤地説：「為什麼這麼難打開？」

這時，媽媽和奇洛回到家裏。奇洛看見多多和魯飛有點失落，便問：「有什麼事令你們**失望**了嗎？」

多多對奇洛説：「哥哥，我們開不了這個罐子！吃

不到裏面的蛋卷。」

　　媽媽聽見了他們的對話，默默的拿來一支**匙子**，把匙子放在**蓋子和罐子邊沿**之間，輕輕用力一壓，「卜！」的一聲，罐子就被打開了。

多多和魯飛看得**目瞪口呆**，說：「太神奇了！」

不過媽媽把罐子打開後，什麼話都沒有說，又把蓋子**蓋回去了**，說：「好吧，我剛剛示範了一次，現在就讓多多來把罐子打開吧！」然後把匙子遞給了多多。

多多說：「讓魯飛開吧，我一定不夠力的。」

媽媽說：「先試試看吧，就像媽媽剛才做的一樣。」

結果多多拿着匙子，小心地在蓋子下用力，「卜！」的一聲，罐子又被打開了。

「太厲害了！連多多都可以把這麼難打開的罐子打開！」魯飛興奮地說。

一直站在旁邊觀看的奇洛說：「這是因為利用了**槓桿原理**，既省力又安全！」

可是，多多沒把話聽完，就已經急不及待地把蛋卷**放進嘴裏**，說：「我終於吃到了！蛋卷太美味了！」

看到多多滿足的表情，大家都笑起來了。

省力的簡單機械

　　力學其中一個基本原理就是槓桿原理。支撐槓桿的位置為「支點」，槓桿負荷的位置為「重點」，在槓桿施力的位置為「力點」。力點和支點之間的距離稱為「力臂」，重點和支點之間的距離稱為「重臂」。只要調效好這兩個距離，便可以達到省力的作用。在故事裏，匙子和罐子邊沿接觸的地方是支點，多多手上用力的地方是力點，而匙子和蓋子接觸的地方便是重點。當力臂比重臂長，便可以用較小的力把蓋子打開。

　　在日常生活中，槓桿原理隨處可見，例如一些售賣中藥材的店舖，店員會以「桿秤」稱量藥材，「桿秤」這種工具正正就是運用了槓桿原理。吊繩是支點，碟子和藥材是重點，掛在杆上的砝碼或重物是力點。店員會先把藥材放到碟子上，再左右移動砝碼直至杆能保持水平，這時砝碼所在位置的刻度便是藥材的重量。

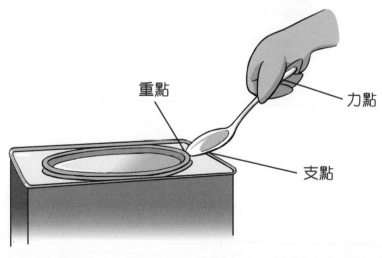

重點　　　　　　　　　　　力點

支點

在日常生活中，還有什麼地方運用了槓桿原理？

日常生活中槓桿的例子比比皆是，簡單如鉗子、開瓶器等也運用了槓桿原理。

是不是所有運用了槓桿原理設計的工具都能夠省力？

不是的，有些工具雖然也運用了槓桿原理，但並不能夠省力，而是便利我們的生活，例如筷子、麵包夾等。

我們的身體上有運用槓桿原理的構造嗎？

有的，例如我們的手便是好例子。當我們拿着物件，手掌便是重點，手肘便是支點，二頭肌使力的位置則是力點。

簡易投石機

　　小朋友，你知不知道槓桿除了可以省力以外，如果能調節好力點、支點和重點的距離，它還可以用來制作投石機，以很小的擺幅就把石頭拋到很遠的地方。我們就來用匙子製作簡易投石機吧！

所需工具：

●橡皮	1塊	●廢紙	數張	●雪條棒	1枝
●膠匙子	1隻	●卡紙	1張	●橡皮圈	2條

步驟：

1. 以卡紙製作一個紙靶。
2. 用2條橡皮圈把匙子把手和雪條棒的一端固定好。
3. 把橡皮放在匙子和雪條棍之間。
4. 把廢紙揉成小紙球，放在匙子上。
5. 以手指用力快速按下匙子，看看紙球能否擊中紙靶。

　　小朋友，你能指出投石機的力點、支點和重點嗎？

滲透作用
罐頭中的透明液體

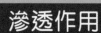

很快便是學校一年一度的**聖誕聯歡會**，同學們分成四人一組，每組負責製作兩款食物帶回學校，跟同學們分享。魯飛、奇洛、小寶和貝莉被分到同一組，而他們負責的是**雜果啫喱糖**和**菠蘿香腸串**。

他們相約於聯歡會的前一日，到小寶家裏一起製作小食。小寶的媽媽已經幫他們準備好急凍香腸、罐頭菠蘿、罐頭雜果、啫喱粉和食物盤。

魯飛說：「你們知道嗎？聖誕節是我最喜歡的節日，因為課室布置得美輪美奐，又有**閃閃發光的聖誕樹**，還有聖誕大餐，然後可以交換禮物！」

貝莉立刻接着說：「我也跟你一樣，十分喜歡聖誕節，不過我最期待的是聯歡會上精彩的**歌唱表演**！」

奇洛說：「知道了，相信沒有誰不喜歡聖誕節的，我們快點開始**準備食物**吧。」

小寶説：「我去請媽媽幫我們開罐頭吧。」

貝莉説：「我去打開急凍香腸和啫喱粉的包裝。」

魯飛環顧了一下，沒什麼可以做了，便笑呵呵説：
「那麼我就負責**試食**吧。」引得眾人哈哈大笑。

這時小寶看了看已經**打開了的罐頭**，覺得很奇怪，
問道：「奇怪了，為什麼菠蘿罐頭裏有**水**？」

貝莉説：「看起來不像水，因為它不像水那麼清澈。」

魯飛說：「憑我的偵探舌頭，我一試就知道真相！」魯飛嘗了一口，自信地繼續說：「這些是**糖水**，絕對錯不了！而且不但菠蘿罐頭裏有，連雜果罐頭裏也有糖水。」這「為食神探」只顧着吃，一口又一口地把罐頭裏的雜果也放進了嘴裏。

「為什麼要有糖水呢？」經小寶這樣一問，眾人也思考了起來。

這時剛好奇洛過來幫忙，他看見眾人**一臉沉思**，便問道：「發生了什麼事？」

貝莉和小寶接着說：「我們正在思考為什麼菠蘿罐頭裏有糖水。」

小寶媽媽剛好聽到，然後跟他們說：「這些糖水是用來保存罐頭裏的食物，使它們**不容易腐壞**。」

當大家正專心聽小寶媽媽講解時，旁邊的魯飛又偷食了一口，說：「好味道啊！」

奇洛、小寶和貝莉對望了一眼，奇洛說：「我們還是先把雜果啫喱糖和菠蘿香腸串做好吧，否則恐怕等不到明天的聖誕聯歡會，魯飛便會把**全部食物吃光了**。」

抽出水分殺細菌

　　保存食物是食物科技的課題，更是人類征服太空的難題之一。食物會腐壞的其中一個原因是因為食物上有細菌，所以如果想食物能夠保存一段更長的時間，消滅食物上的細菌便是重點，其中一種方法是脫水。最直接的脫水方法就是把食物的水分完全抽出，例如海味、即食麵等，但這樣會令食物變得又乾又硬，也可能會改變了食物原本的味道。

　　故事中把食物存放於糖和水混合的糖溶液內，也是其中一種脫水的方法。把食物放進濃濃的糖溶液裏，因為糖溶液的濃度比細菌的內部高，所以溶液會把細菌裏面的水分抽出，令細菌脫水，阻礙其繁殖甚至把細菌殺死。因此，這種方法雖然沒有把食物的水分完全抽走，但也起到保存食物的作用。

為什麼糖溶液能脫水？🙄

這是跟滲透作用（osmosis）有關。滲透作用是指水的分子會由濃度較高的區域移到濃度較低的區域，最終令兩個區域的水分子濃度傾向相等。這個作用就會令水分會從食物中轉移到外部，而糖的分子就會滲入到食物的內部。

在日常生活中，還有什麼應用了滲透作用的例子？

如果之前已經有一段時間沒有下雨，當下雨的時候，植物內的水濃度會較低，而土壤中水的濃度就會較高。水便會自然地由土壤移動到植物細胞中，這也是一種滲透作用。

什麼食物需要經脫水處理？

其中一種就是太空食物，除了可以保存食物的營養和味道外，一般食物脫水後的體積會減少，令食物更便於儲藏。

美味的雞肉

　　滲透作用除了可以保存食物外，還可以令食物更美味。在日常生活中，最常見的應用便是用於醃製食物。小朋友，試試跟爸爸、媽媽一起醃雞肉吧！

所需工具：
● 雞肉	1 盒	● 保鮮紙	適量
● 鹽	適量	● 餐紙巾	2 張

步驟：

1　首先把雞肉以清水洗淨。

2　以餐紙巾擦乾雞肉表面的水分。

3　把鹽均勻地塗抹在雞肉表面。

4　以保鮮紙將雞肉包好，放入雪櫃冷藏。

5　數小時後，醃雞肉便完成了。然後你就可以請爸爸或媽媽把雞肉以煎、炸或焗的方式烹調，好好品嚐美味的雞肉。

　　在醃製的過程中，雞肉的表面塗了鹽，水濃度低，所以水會從肉裏慢慢滲出來；同時又因為肉的表面塗了鹽，鹽濃度高，故此鹽會滲透進肉裏，令肉吃起來更美味。

分數

我的營養餐盒

奇洛媽媽相約小寶媽媽和魯飛媽媽，明天帶小朋友們到荔枝花園遊玩一天。這天，媽媽、奇洛和多多就忙着為明天旅行**準備午餐的飯盒**。

媽媽早上到菜市場精心挑選了奇洛和多多喜歡的**食材**，炮製了西蘭花、生菜沙拉、照燒雞腿、炸豬排，還買了新鮮的蘋果和橙，還有香噴噴的米飯。這些食物除了顏色鮮艷豐富，還非常美味可口，看得奇洛和多多**垂涎三尺**。

這時電話響了，原來是小寶媽媽來電。媽媽對奇洛和多多說：「我去接電話，你們自己把食物放入飯盒內吧。」

於是奇洛和多多便各自拿起筷子，把眼前**七彩繽紛的食物**放進自己的飯盒。奇洛喜歡吃西蘭花，於是放了許多西蘭花到自己的飯盒裏，只取了一件炸豬排；多多

喜歡吃肉類，他的飯盒除了炸豬排和雞腿外，就沒有其他食物。

　　一會兒，媽媽回來看到兩人的飯盒，循循善誘地說：「奇洛、多多，你們無論多麼喜歡吃一種食物，都**不可以偏食**的。要吃得健康，營養必須均衡。」

　　媽媽接着說：「我們每日應該攝取**三份五穀類**，加上**兩份蔬果**及**一份肉類**。」

　　多多說：「可是飯盒就只有一個，我要怎樣才可以

把肉類、蔬果和五穀類**按比例**放進飯盒裏？」

「我們把飯盒大約分成**六等份**，就可以按比例放入食物。」媽媽一邊說着，一邊把食物放進多多的飯盒。

多多看着，突然叫道：「媽媽！生菜沙拉過界了！這樣子炸豬排就不夠一份了！」

「不如我們按比例把全部食物打成汁，這樣喝下去就一定沒錯了！」奇洛說。

多多**一臉難過**地說：「這樣聽起來好難吃，而且我真的好喜歡吃炸豬排和雞腿，只有一份太少了。」

「可是為了**健康成長**，我們都不可以偏食啊！」奇洛邊說邊整理，轉眼間便完成了自己的飯盒。

「多多，你要向哥哥學習啊！其實蔬果也很好吃的，你先試試看再說吧。」媽媽說。

然後，奇洛就拿了一些生菜沙拉給多多**試吃**。

多多試完之後，說：「真的好好吃啊！可以再讓我吃多一點嗎？」

奇洛說：「當然可以！因為我最喜歡的就是**健健康康**、**開開心心**的多多了！」

分數的用處

　　分數是指佔一個整體裏面的比例，例如 $\frac{1}{2}$ 便是指把一個整體分成兩份，佔當中一份。在這個分數裏，我們稱「2」為分母，「1」為分子。

　　在故事中，為了按比例把不同種類的食物放於一個飯盒內，分數就能派上用場了。比如一份肉類、兩份蔬菜、三份穀物，應怎樣劃分才能放進一個飯盒內呢？我們可以把 1、2、3 相加，得出分母為 6，然後如下圖把飯盒分成六等份，再按各類食物所佔的比例，把它們放入飯盒。具體來說，先把肉類放於第一份內，其次把蔬菜放入其中兩份，而剩下的三份就可以放入穀物類。

六等份中佔三份，即 $\frac{3}{6}$ →

← 六等份中佔兩份，即 $\frac{2}{6}$

← 六等份中佔一份，即 $\frac{1}{6}$

我今天很有胃口，想吃多些食物，我應該按「健康飲食金字塔」怎樣安排自己的飯盒呢？😔

這時分數正好可以幫上忙。因為分數考慮的是一個整體裏面的比例，所以如按分數安排食物，就算整體食量改變了，仍可輕易制作出健康的飯盒。例如就算你把穀物類數量由三增加至六，只要你同時把肉類變成兩份，蔬菜增加成四份，每種食物的分數仍然附合建議所示。不過要記住，除了要按「健康飲食金字塔」的比例外，我們的飲食應該要適量，不可以進食過多啊！

分數好神奇啊！在日常生活中還有沒有其他地方會應用到它？

日常生活中會應用到分數的例子比比皆是。例如有兩間差不多規模的超級市場A及B，我們知道超市A裡的本地生產食物佔四分之一，而超市B就有二分之一。我們就算不知道確實的數量，也很容易分辨出超市有較多本地生產食物的選擇。如果沒有分數的幫助，我們需要知道更多、更複雜的資訊，才可以得出以上的結論。因此，分數是可以為我們生活帶來大大的便利。

圓形的飯盒怎麼辦？

多多學會了食物金字塔和分數後，想製作一個愛心飯盒給奇洛。可是他買了一個圓形的飯盒，到底該怎樣分配食物至這個飯盒呢？看着食物都開始變涼了，多多很焦急。

小朋友，你可以幫多多想想辦法，把不同的食物按比例放入這個圓形的飯盒嗎？

光的折射和反射
尋找彩虹之旅

媽媽決定明天帶奇洛和多多到奇龍族遊樂園遊玩。奇洛和多多得知可以到遊樂園玩後十分**興奮**，二人晚上早早便上牀睡覺。

到了第二天，奇洛和多多很早便起牀準備，多多還帶上了他新買的**肥皂泡泡槍**。

到了奇龍族遊樂園，多多拿出了他的肥皂泡泡槍，開心地製造一個又一個的泡泡。太陽照射在肥皂泡泡上，映出了**鮮豔的顏色**。

「哥哥你看這些肥皂泡，五顏六色的很漂亮啊！」多多興奮地叫道。

奇洛回答說：「對啊！真的很漂亮呢！這些都是彩虹的顏色，就是**紅**、**橙**、**黃**、**綠**、**藍**、**靛**、**紫**七種顏色。」

突然，多多有點失望地說：「可是肥皂泡泡總是很快就破掉，我還想多看那些**彩虹顏色**。」

奇洛説：「好吧！我們就試試在遊樂園裏找出彩虹顏色的物件吧！」

奇洛和多多就在遊樂園開始了**尋找彩虹之旅**。他們一邊遊玩，一邊到處張望。多多説：「哥哥，這裏有畫上彩虹的**堡壘**。」

奇洛回答道：「對啊！多多你看，這邊還有塗上彩虹七色的纜車。」

突然，天空下起雨來，媽媽趕緊帶他們進了遊樂園的禮品店避雨。不過就算下雨，也無阻奇洛和多多尋找彩虹的興致。

在禮品店裏，多多發現店員哥哥和姐姐都戴上了奪目的**七彩假髮**，十分好看。

奇洛説：「多多，這盒水彩也像彩虹一樣有七種顏色啊！」多多還發現了彩虹色的糖果，然後問道：「媽媽，可以讓我買一包**彩虹糖果**嗎？」

媽媽説：「可以，也給哥哥買一包吧。」

「謝謝多多。」奇洛接過彩虹糖果，心想，「這些都不是真正的彩虹，能讓多多看到真的**彩虹**就好了。」

過了一會兒，雨停了，三人便離開禮品店。奇洛抬頭一看說：「多多，你快看看天空！」

多多回頭看過去，看見一道由紅、橙、黃、綠、藍、靛、紫所組成的**彎彎小橋**掛在天空。

多多問：「那條七彩的橋是什麼？它很漂亮呢！」

奇洛回答說：「多多，那就是真正的彩虹了。」

禮品店

七色組成的太陽

　　彩虹是物理學上的一種光學現象，它的形成是因為陽光照射到天空中的小水點，造成色散而出現。彩虹通常在下雨後出現，當陽光進入天空中的小水點時，會發生折射和反射的現象。

　　它的原理很簡單，由於陽光是由不同顏色的光組成，不同顏色的光又有不同的折射率。具體來說，紅光的折射率較橙光的小，橙光又比黃光小，如此類推到紫光的折射，故此會出現色散現象，把白色的陽光分成紅、橙、黃、綠、藍、靛及紫幾種不同的顏色。

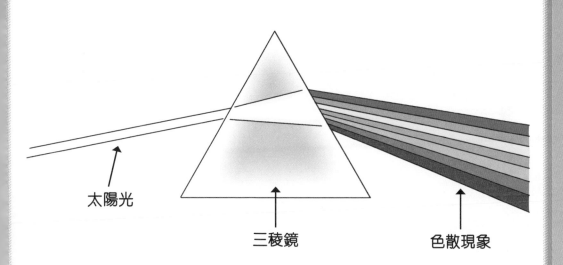

太陽光　　　　　　三稜鏡　　　　　　色散現象

下雨的時候天空也充滿了水，為什麼就看不見彩虹呢？

下雨的時候看不見彩虹主要是因為缺少了讓彩虹形成的主角——陽光。天空中需要有小水點，而陽光又正好以適當的角度照向小水點，才有可能出現彩虹。

除了彩虹的七種色的光外，還有其他顏色的光嗎？

事實上彩虹不止有七種色光，其實它是有無數種顏色的。如果仔細觀察，會發現當中的顏色是漸變的，也就是顏色的變化連綿不斷的，不過為了令人容易明白，我們才用七種色光作為區分。

日常生活中還有其他光的折射和反射例子嗎？

折射和反射的例子實在多不勝數：眼鏡、照相機、望遠鏡等都應用了折射原理；反射就更常見，例如我們日常使用的鏡子或汽車使用的倒後鏡，都運用了反射原理，把光反射到我們眼睛裏，從而看到影像。😎

一起尋找彩虹吧！

小朋友，你是不是也想看看彩虹呢？可惜天上的彩虹要天公造美才能看見，但是我們也可試試在家裏製造一條彩虹呢！

> 所需工具：
> • 透明容器　　　｜個
> • 卡紙　　　　　｜張
> • 鏡子　　　　　｜面

步驟：

1. 把透明容器裝滿水，把鏡子放入容器中並面向太陽，然後如下圖一樣放在窗邊，觀察彩虹。

2. 如有需要，可稍為轉動一下容器。

小朋友，你成功造出彩虹了嗎？你能在下面的空格中，繪畫出你的設置及彩虹的位置嗎？

地球的自轉和公轉

太陽伯伯回家了？

聖誕假期開始了！趁着假期，奇洛媽媽、海力媽媽和小寶媽媽就帶奇洛、多多、海力、小寶和貝莉到奇龍族遊樂園去遊玩。

奇洛、多多和貝莉選擇了較刺激的機動遊戲，海力和小寶則選擇了乘坐摩天輪，觀賞遊樂園漂亮的風景。一輪遊玩之後，他們一行人去了觀賞動物表演和參觀水族館。在水族館裏他們經過了珊瑚礁隧道，看到色彩繽紛的珊瑚和各種魚兒。

當大家從水族館出來時，發現天已經黑了。細心的貝莉發現多多有點愕然，便問：「多多，怎麼了？」

多多有少許失望，回答說：「現在是幾點，太陽伯伯這麼快就回家了？遊樂園要關門了嗎？我們也要回家了嗎？我還想繼續玩啊！」

小寶媽媽看看手錶說：「現在是晚上6時。」

奇洛抬頭看看天空，又看看手錶，喃喃自語：「我記得上次來奇龍族遊樂園遊玩時，天好像沒這麼快黑的。」

小寶問：「上次？會不會記錯了？」

奇洛說：「我記得很清楚的！當時是**暑假**，我和媽媽還查看了巴士的行車時間表，看看能不能多坐一次纜車才乘車回家，所以一定沒有記錯的。」

海力說：「其實要解釋這個並不困難。」

眾人不解，齊聲問：「為什麼？」

海力繼續說：「你們還記得之前我們一起做過一個關於天文學的專題研習嗎？我當時跟迪奧老師拿了一些相關的資料閱讀。資料提及在北半球的冬天時，**白晝會比黑夜短**；夏天時，**白晝就比黑夜長**。由於奇洛上次到遊樂園時是夏天而今次是冬天，所以天就特別快黑了。」

突然，多多指着前方大叫：「是**巡遊表演**啊！」看

103

見一眾表演人員盛裝打扮，一邊慢走一邊與賓客揮手，十分熱鬧，多多也立即回復生氣了。

「多多，你想一起去看嗎？」貝莉還未說完，多多已經拉着奇洛去找了一個好位置觀賞巡遊。

海力攤一攤手，說：「其實不管是日長夜短還是日短夜長，只要有好玩的事情，多多就自然會**高興**了！」

然後眾人都沉醉在熱鬧的巡遊中，在一片笑聲中度過了愉快的一天。

日照長短的轉變

　　小朋友，你有沒有像奇洛一樣，發現到日照時間原來會因為季節而有所不同？地球不是靜止不動的，地球就像旋轉木馬一樣，會由西向東轉，稱為自轉。地球的自轉軸並非垂直的，而是傾斜大約 23.5°。地球自轉一周需要 24 小時，即是「一日」，並出現晝夜交替的現象。同時，地球還會圍繞着太陽進行公轉。公轉一周需要大約 365.25 天，即「一年」的時間。

　　以香港所在的位置為例，夏天時下圖中 BC 線會比 AB 線長，代表受日照的時間較長，造成日長夜短；冬天時，較長的 BC 線背向太陽的時間較長，造成日短夜長。

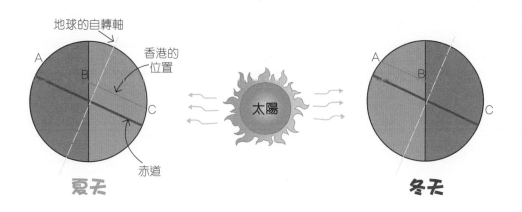

溫度跟地球的自轉軸有什麼關係?

地球傾斜的自轉軸造成了日夜長短不一的現象。如果白晝變長,被太陽照射的時間自然較多,溫度相對就會變高。如果白晝變短,被太陽照射的時間縮短,溫度相對就會變低了。

二十四節氣和地球的公轉有什麼關係?

二十四節氣反映出地球的季節和氣候變化。以春分和秋分為例,在春分之後北半球各地踏入春季白晝漸長,黑夜漸短;相反南半球日漸短、夜漸長。秋分跟春分相反,秋分後北半球各地入秋日漸短、夜漸長;南半球則日漸長、夜漸短。

什麼是夏令時間?

傾斜的自轉軸令各地日夜長短各異,有些國家或地區會使用夏令時間,在春季時把時鐘調快一小時,以充分運用日光,於秋季再把時間調回正常。

  🙂

STEM 小達人訓練

沒有日落的夏天

　　小朋友，現在你知道晝夜現象是因地球自轉而形成的，不過你知道地球上有些地方的白晝與黑夜可以長達半年嗎？在北半球處於夏天時，北極會發生什麼現象？現在就來觀察下圖，看看綠線的位置，然後運用你學到的知識，為海力解答問題。

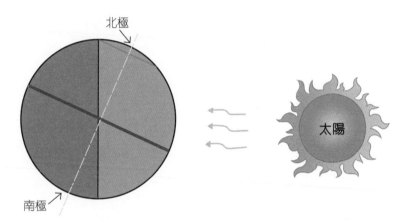

因為地球的自轉軸傾斜，夏天時，北極總是
1.（面向／背對）着太陽，太陽不會
2.（升起／落下），令北極整天都是
3.（白天／黑夜），出現
4.（極晝／極夜）現象。

　　小朋友，你能用以上的概念，解釋同時間南極又會怎樣嗎？

天上來的電

多多和奇洛剛回到家裏，看到一個可愛的**小寶寶**躺在客廳的嬰兒牀上。原來他們的姨媽感冒了，所以今天奇洛媽媽要幫忙照顧她一歲半的寶寶。

晚上九時，寶寶已經睡覺了，而爸爸、奇洛和多多正在客廳玩飛行棋。

突然窗外劃過一道**強光**，室內瞬間變得光亮，接着便響起巨大的雷聲，多多被嚇得跳了起來，雷聲也驚動了熟睡的寶寶，令寶寶大哭起來。媽媽馬上過來抱起寶寶，輕拍寶寶的背部，安撫他再次入睡。

多多望向窗外説：「哥哥，我剛剛看到很強的光，之後就聽到**轟隆巨響**，哪是什麼呢？把寶寶嚇得哭起來了！」

奇洛安慰他説：「不用怕，只是**閃電**和打雷而已，都是自然現象。」

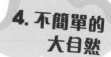

多多好奇地問：「閃電？為什麼會有閃電？」

爸爸回答說：「許多情況都會產生閃電。一般來說
當天上的雲層或空氣互相摩擦時，就會產生**電荷**。當電
荷累積到一定數量，就會產生**放電現象**，即是電荷會由
從一邊跑到另一邊，就是我們看到的閃電了。雷聲就是閃
電的光和熱，令空氣迅速膨脹而產生的聲音。」

多多聽了後說：「它們很可怕，我不喜歡電。」

奇洛笑笑說：「雖然閃電很可怕，但其實電在日常生活中十分常見，而且很有用，例如電視機、風扇和空調全部要使用電來**運作**。沒有電的話，我們的生活會很不方便。」

多多猶豫了一會，說：「但我怕被閃電擊中。」

爸爸接着說：「不用怕。通常高的物體會比較吸引雷電。不少高樓大廈都裝有**避雷針**。」

多多問：「什麼是避雷針？」

奇洛回答說：「避雷針一般都是一塊棒狀的**金屬**，安裝在建築物的**最高點**，我們住的這幢建築物天台也有安裝避雷針。它可以把電引導到地上，減少雷電對人和建築物的傷害。」

在他們討論的同時，寶寶仍然在**哭泣**。多多走到寶寶身邊說：「乖寶寶不用怕，閃電和雷聲都是**自然現象**，而且我們在家裏，天台的避雷針會**保護我們**，現在就算再有閃電，也不會擊到我們的！」

圍繞我們的電力

　　大自然裏的閃電是放電現象的一種。很多時候閃電都會伴隨着黑雲和滂沱大雨。當空氣中不同的粒子互相摩擦，例如兩朵雲，它們就會產生不同的正負電荷，形成電壓。倘若摩擦一直維持，電壓就會持續累積，當超過負荷時，電荷就會跨越中間的屏障，從一邊跑到另一邊，出現放電現象，亦即多多看到的閃電。

　　電是現今人類日常生活必不可缺少的元素。我們每日用的電燈、空調、電風扇等，都由電力推動。簡單如我們使用的手電筒也一樣，當我們按下手電筒的開關時，儲藏於電池之內的正負電荷，就會從電池的一邊經過燈泡到電池的另一邊，叫作電流，同時電荷會把能量釋放到燈泡，再由燈泡轉化為光能。

為什麼我拿着電池卻不會觸電？

因為人的身體有很高的電阻，而電池的電流非常小，所以不會構成觸電的危險。

為什麼在雷雨天氣中不宜游泳？

因為水是一種導電體，所以電可以通過水傳到身體，對身體造成傷害。

我們可以站在樹下躲避雷雨嗎？

不可以，千萬不要站在樹下，因為閃電常會擊中地區內較高的物體，在戶外最高的物體通常就是樹木，所以應該盡量躲在有避雷裝置的室內地方。

靜電也是電

雖然電荷是肉眼看不到的,可是我們卻仍能在生活中察覺到它們的存在。小朋友,一起來做個小實驗,了解一下靜電,然後嘗試利用這個原理去撿走地上的頭髮和塵埃吧!

所需工具:
- 膠梳子　　　1 把
- 絨布　　　1 塊

1. 用絨布摩擦膠梳子約 30 秒。
2. 把膠梳放在頭髮附近,就會看見頭髮被膠梳吸起來了!

利用這個原理,就可以有效地清理在地上的頭髮和塵埃。你可以把垃圾膠袋綁在掃帚上,掃地時膠袋會因摩擦地面而產生靜電,地上的頭髮和塵埃就會被垃圾膠袋吸住。

數據處理
一年的雨水

　　校長特意安排了在校際花卉種植比賽中獲得**冠軍**的園藝學會在學校開放日時上台演講，跟大家分享得獎感受和種植花卉的心得，所以奇洛、布加、貝莉和比力克老師一起開會討論**演講**的內容。

　　比力克老師問：「你們決定好由哪一位同學負責演講了嗎？」

　　這時大家都**不約而同**地望向布加。布加說：「老師，由我去演講可以嗎？」

　　比力克老師回答：「當然可以！內容方面呢？」

　　「老師，我們昨天已經做好了簡報，請你看看。」布加開始向老師介紹：「首先，我們會介紹**常見的花卉**……」

　　布加接着說：「然後，我們會介紹種植花卉的關鍵因素，即是**氣候**。當中對花卉最重要的，便是**降雨**。」

　　比力克老師邊聽邊點頭，布加繼續說：「為了讓大家清楚了解，我會逐一講述本地降雨量**最高**和**最低**的月份，以去年為例，一月是 4.7 毫米、二月是 68.7 毫米、三月是 186.5 毫米、四月是 185.8 毫米⋯⋯」

　　「請等一等。」比力克老師說：「你打算直接把**所有月份**的雨量讀出來嗎？」

　　布加回答說：「是的。雖然我們都覺得這樣有點**冗長**，但我們始終認為這個資料是**必需**的。」

　　貝莉說：「老師你有更好的方法嗎？」

　　比力克老師拿出之前跟卡妮老師一起制作的**圖表**，笑着說：「當然！看看，這種圖叫做**棒形圖**。你們看看此圖，然後告訴我得票最多的是什麼。」

　　三人一看，原來是**秋季旅行地點**投票的圖表，上面記錄了學生們對不同旅行地點的**投票結果**。布加、奇洛和貝莉異口同聲說：「得票最多的是動植物公園！」

　　比力克老師又問道：「你們是怎樣知道的？」

貝莉指着棒形圖説：「看！它是**最高的**，所以一看便知道它得票最多了。」

比力克老師説：「沒錯，把數字以**圖像形式**表達，可以更清晰及有效地**傳遞資訊**。」

突然，布加和奇洛齊聲説：「老師，我們明白了！」奇洛和布加立即開始製作棒型圖。

很快布加便把附上棒形圖的新簡報，展示在比力克老師面前，解釋説：「利用這個每月雨量棒形圖，大家很容易就可以看到，降雨量最高的就是**八月**了！」

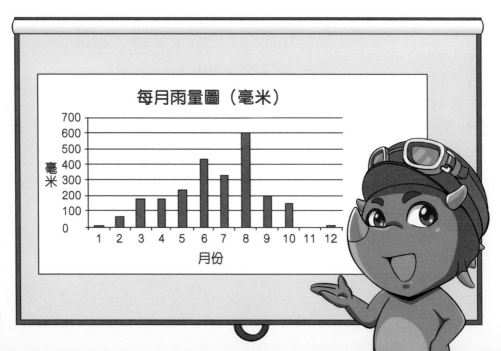

處理數據的圖表

在日常生活中，我們常常會接觸到不同的數據，有時是幾個，但有時可以是幾百個。以氣象數據為例，如果以月份作為單位，那麼就有 12 個數據；如果以日計算，就會有數百個數據，要閱讀和理解起來就十分不便。

為了讓數據能更清晰易明，我們可以把數據圖像化，而其中一個方法便是制作棒形圖了。棒形圖 (bar chart)，也有人稱為長條圖、直條圖等，是以長度的值去表示數據的其中一種統計圖。

棒形圖會用長方形去表達不同長度，能夠簡單明確地展示數據的特徵。例如從下圖中我們很容易就發現，8 月是全年降雨量最多的月份，而 11 月則是降雨量最少的月份。

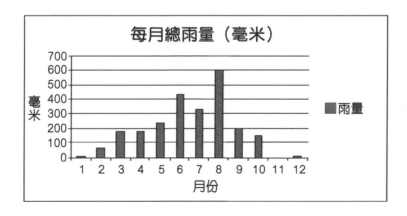

除了棒形圖，還有什麼統計圖可以展示數據？

除了棒形圖，我們日常還會經常使用到折線圖、圓形圖等展示各種數據。

和其他統計圖比較，棒形圖有什麼優點？

相比其他類型的統計圖，棒形圖的好處是很容易觀察及比較出數據的多少。

既然已經有棒形圖，為什麼還需要其他統計圖？

因為不同的統計圖都有不同的強項，以棒形圖和折線圖為例，棒形圖易於比較多與少，折線圖則於比較趨勢方面更為清晰。

製作棒形圖

小朋友，一起來試試利用棒形圖去表達我們日常生活中的事情吧。現在就跟家庭成員商量一個日常生活的題目，例如大家愛吃的零食，然後在下面空白的位置製作一個棒形圖去記錄結果。

從以上的棒形圖你可以得出什麼結論呢？

光速
穿越時空的光

貝莉、伊雪和海力要共同完成一份**專題研習**，他們打算以太空和星星為主題，碰巧海力喜歡**觀星**，所以他邀請了伊雪和貝莉晚上來自己家觀星及做這份功課。

來到海力的家，貝莉問：「太空有什麼吸引你的地方呢？」

海力拿出了兩個**望遠鏡**給貝莉和伊雪，說：「這要讓你們親自感受一下。快來露台觀星吧！」

貝莉和伊雪發現原來漆黑的夜空中布滿了一顆顆**閃閃亮亮**的星星。

伊雪看到天空中有兩顆特別亮的星星，便好奇地問：「海力，那兩顆特別亮的是什麼星？」

海力說：「它們是**參宿四**和**參宿七**。」

伊雪問：「參宿四是什麼？參宿七又是什麼？」

海力回答說：「你們看到的是**獵戶座**。而參宿四和

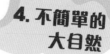

參宿七是獵戶座中最亮的兩顆恆星,參宿四更是已知第二大的恆星。在十九世紀便有觀測它的紀錄了。目前,專家估計它距離我們大約 **650 光年**。」

貝莉和伊莉對望了一眼,不解地問:「光年是什麼?是不是巴斯光年的朋友?」

海力說：「光年是**距離**的單位，因為宇宙太大，如果用米、公里等單位去代表，數字會變得很大，難以描述和理解，所以就用光**行走一年**的距離作為單位。」

海力接著說：「650光年便是光要行走650年的距離。換句話講，我們現在所看到參宿四的光，其實是650年前從參宿四發出的。」

聽罷，貝莉突然問海力借了**電腦**和**打印機**，打印了一張大家一起拍的大合照，然後把這張照片貼在面向參宿四的窗邊。

看到貝莉忙得團團轉，海力和伊雪百思不得其解，便問道：「貝莉，你在做什麼？」

貝莉看出他們的**疑惑**，回答說：「我在向相距650光年的參宿四**發出訊息**，告訴參宿四上的生物，我有多喜歡大家，希望他們在650年後會看到。」

海力托了一下眼鏡，說：「很可惜，你的照片**不會發光**，不管花多少年也傳不到參宿四啊！」

來自過去的光

在很久以前，科學家已經對光有着濃厚的興趣。光在物理學、土木工程、電腦工程等，都是重要的課題之一，例如現今電腦科技的靈魂——光纖——就是利用了光作為信號傳送的。

我們平日所說的「光」，一般其實是指可見光。可見光是電磁波的一種，根據不同的頻率，我們可以看見紅、橙、黃、綠、藍、靛、紫等不同的顏色。我們能看見物體有兩種可能性：第一，該物體本身會發光；第二，該物體反射外來的光。無論是以上哪一種情況，當光到達我們眼睛時，我們都能看見該物體。

科學家發現光只會以直線的方式傳播，而且傳播速度很快，難以測量。經過他們的努力，最終測量到光在沒有空氣的環境中，傳播速度大約是每秒 30 萬公里。如果光繞着地球跑的話，一秒就能圍繞地球 7 周半了！

光的傳播速度是否固定的？

光在不同介質中的傳播速度是不一樣的。例如在水裏，光的速度大約是每秒 22.5 萬公里。

有我們看不到的光嗎？

我們平日所説的光，一般是指電磁波的可見光。其實除了可見光以外，還存在不同的光，例如紅外線、紫外線等，這些都是我們肉眼看不到的。

家中的上網服務跟光有什麼關係？

寬頻所用的原理是利用光作電腦之間傳遞信號的媒介，因為光的傳播速度快，所以這方法比傳統用電作信號要快得多，令現代上網的速度比以前大大提升。

直線跑的光

雖然光跑得很快，比我們跑得快許多，但我們有一點比光聰明，就是我們懂得轉彎，而光只能以直線傳播。我們能怎樣驗證光只能以直線傳播呢？

所需工具：
- 手電筒　　　　　　　　1 枝
- 可屈曲的黑色飲管　　　2 枝

步驟：

① 屈曲其中 1 枝黑色飲管。

② 把兩枝的飲管對着手電筒，看看你能透過哪一支飲管看到光源。

我們能夠改變光的前進方向嗎？試試從生活上的例子，構想一個方法，跟朋友討論或進行測試，看看是否可行。

第11頁：哪些才是冷縮熱脹的應用例子？

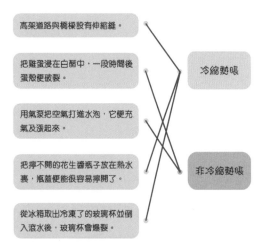

高架道路與橋樑設有伸縮縫。

把雞蛋浸在白醋中，一段時間後蛋殼便破裂。

用氣泵把空氣打進水泡，它便充氣及漲起來。

把擰不開的花生醬瓶子放在熱水裏，瓶蓋便能很容易擰開了。

從冰箱取出冷凍了的玻璃杯並倒入滾水後，玻璃杯會爆裂。

冷縮熱脹

非冷縮熱脹

第17頁：飄浮的乒乓球

受到地心吸力的影響，在正常情況下，當我們放開手時，乒乓球會向下掉。但如果從下方拿着吹風機往乒乓球吹，令乒乓球旋轉，就會因為氣壓差的關係，產生一個向上的力，抵消地心吸力，所以乒乓球就會飄浮在空中。

第29頁：高速氣球車

當我們放手後，由於氣球內部的壓力較外面大，於是裏面的空氣便會被推出來。根據牛頓第三定律，玩具車便得到一個跟它一樣大小、相反方向的力，亦即一個向前的力，於是玩具車便可以往前衝了！

第41頁：簡單的磁浮列車

除了用磁石以外，我們還可以用電磁石代替磁石去達到以上相同效果。電磁石，就是利用電把線圈轉化為能夠產生磁的裝置，而且電磁石所產生的磁力強度又或是極性都可以透過電流的強度或方向來調節，在不需要它時更可以把磁力「關閉」，應用上比用磁石更方便。

第47頁：觀察溫度計

1. 沒有被棉花包裹的溫度計
2. a. 不良的
   b. 慢
   c. 慢

第53頁：光合作用的要素

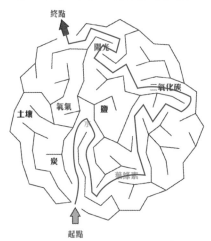

終點

陽光

二氧化碳

土壤　氧氣　鹽

炭

葉綠素

起點

第59頁：構思魚菜共生系統

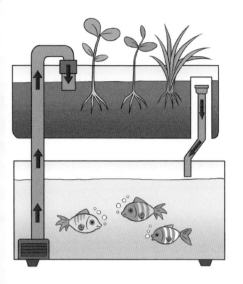

第71頁：自製蒸餾水

第77頁：計算食物的碳排放
自由作答。

第83頁：簡易投石機
紙球的位置是重點，橡皮與膠匙子接觸點是支點，我們施力的地方是力點。

第95頁：圓形的飯盒怎麼辦？

第101頁：一起尋找彩虹吧！
按實際情況作答。

第107頁：沒有日落的夏天
1. 面向
2. 落下
3. 白天
4. 極晝
當北極處於夏天時，南極總是背對着太陽，太陽不會升起，出現極夜現象，即整天都是黑夜。

第119頁：製作棒形圖
自由作答。

第125頁：直線跑的光
（參考答案）在日常生活中想改變光的前進方向，只要利用光的折射和反射原理便可。例如使用平面鏡的反射又或者凸透鏡的折射，都可以改變光的方向。汽車的倒後鏡正是運用了反射原理，把從後面的光反射到我們的眼裏。

奇龍族學園

STEM能力大提升

作　　者：馮澤謙

繪　　圖：岑卓華

策　　劃：黃花窗

責任編輯：劉紀均

美術設計：鄭雅玲

出　　版：新雅文化事業有限公司

　　　　　香港英皇道499號北角工業大廈18樓

　　　　　電話：（852）2138 7998

　　　　　傳真：（852）2597 4003

　　　　　網址：http://www.sunya.com.hk

　　　　　電郵：marketing@sunya.com.hk

發　　行：香港聯合書刊物流有限公司

　　　　　香港荃灣德士古道220-248號荃灣工業中心16樓

　　　　　電話：（852）2150 2100

　　　　　傳真：（852）2407 3062

　　　　　電郵：info@suplogistics.com.hk

印　　刷：中華商務彩色印刷有限公司

　　　　　香港新界大埔汀麗路36號

版　　次：二○二一年四月初版

ISBN : 978-962-08-7719-3

© 2021 Sun Ya Publications (HK) Ltd.

18/F, North Point Industrial Building, 499 King's Road, Hong Kong

Published in Hong Kong, China

Printed in China

鳴謝：

本書表情符號小插圖由Shutterstock 許可授權使用。